整数流、偶因子

和Fulkerson覆盖部分问题研究

陈富媛　董虎峰　李　元　著

Research on Integer Flow,Even Factor and Fulkerson Cover

四川大学出版社

项目策划：周　艳　胡晓燕
责任编辑：胡晓燕
责任校对：周维彬
封面设计：墨创文化
责任印制：王　炜

图书在版编目（CIP）数据

整数流、偶因子和Fulkerson覆盖部分问题研究 / 陈富媛，董虎峰，李元著. — 成都：四川大学出版社，2020.12

（大学文库）

ISBN 978-7-5690-4001-2

Ⅰ. ①整… Ⅱ. ①陈… ②董… ③李… Ⅲ. ①图论—研究 Ⅳ. ①O157.5

中国版本图书馆CIP数据核字（2020）第245508号

书名　整数流、偶因子和Fulkerson覆盖部分问题研究
ZHENGSHULIU OUYINZI HE Fulkerson FUGAI BUFEN WENTI YANJIU

著　　者	陈富媛　董虎峰　李　元
出　　版	四川大学出版社
地　　址	成都市一环路南一段24号（610065）
发　　行	四川大学出版社
书　　号	ISBN 978-7-5690-4001-2
印前制作	四川胜翔数码印务设计有限公司
印　　刷	四川五洲彩印有限责任公司
成品尺寸	148mm×210mm
印　　张	3.125
字　　数	84千字
版　　次	2021年1月第1版
印　　次	2021年1月第1次印刷
定　　价	20.00元

◆ 读者邮购本书，请与本社发行科联系。
电话：(028)85408408/(028)85401670/
(028)86408023　邮政编码：610065
◆ 本社图书如有印装质量问题，请寄回出版社调换。
◆ 网址：http://press.scu.edu.cn

四川大学出版社
微信公众号

前　言

在图论的发展进程中，平面图的面着色问题被认为是一个非常重要的催化剂. 在20世纪四五十年代，Tutte发现平面图的面着色问题既可以转化为平面图的整数流问题，又可以转化为平面图的圈覆盖问题. 自此，整数流问题与圈覆盖问题成为图论的两大研究领域.

本书主要研究了整数流、偶因子和Fulkerson覆盖部分问题.

第1章为概论. 本章首先简略介绍了图论的发展历程以及本书的研究意义，然后给出一些在研究过程中涉及的基本术语、符号和图形，最后概述了研究背景以及本书的主要研究工作.

在第2章，我们证明了：如果简单图G中含有偶因子，则图G中含有一个偶因子F，使得$|E(F)|\geqslant\frac{4}{7}(|E(G)|+1)$，此定理完全解决了图论学者Favaron和Kouider提出的猜想. 进一步，我们刻画出了当系数恰好是$\frac{4}{7}$时的所有极图.

在第3章，我们证明了：如果G是一个2-边连通的图，则图G含有Fulkerson覆盖的充要条件是图G中含有两个不相交的边集E_1和E_2，使得$E_1\cup E_2$是一个偶子图，并且对于每一个正整数$i=1,2$，子图$G-E_i$含有处处不为零的4-流. 利用此定理，我们证明Fulkerson猜想在某些特殊的图类上成立.

在第4章，我们得到了下面三个结论：①令G是一个4-边连通的图，如果图 G 中至多含有 7 个 5-边割，则图 G 含有处处不为零的 3-流；②令 G 是一个 2-边连通的图，如果图 G 中至多含有 3 个 3-边割，不含有 5-边割，则图 G 含有处处不为零的 3-流；③令 G 是一个 5-边连通的图，如果图 G 中至多含有 5 个 5-边割，则图 G 是 Z_3-连通的. 这三个结论都部分地解决了 Tutte 的 3-流猜想.

著　者

2020 年 11 月

目　录

第1章 概 论

本章首先简略介绍了图论的发展历程以及本书的研究意义，然后给出一些在研究过程中涉及的基本术语、符号和图形，最后概述了研究背景以及本书的主要研究工作.

1.1 图论的发展历程

图论是组合数学的一个重要分支，是离散数学的重要组成部分. 它以图为研究对象. 图论中的图是由若干给定的点(称为顶点)以及连接两点的线段(称为边)所组成的整体. 其中顶点代表所研究的事物，两点间的线段代表相应的两个事物之间的某种特定关系.

图论起源于著名的哥尼斯堡七桥问题. 哥尼斯堡七桥问题就是：在哥尼斯堡的一个公园里，有七座桥将普雷格尔河中的两个岛及岛与河岸连接起来. 问：是否可以从这四块陆地中任意一块出发，通过每座桥恰好一次再回到起点？1736年，数学家欧拉在《哥尼斯堡七桥问题》这篇论文中圆满地解决了此问题. 这篇论文被公认为图论历史上的第一篇论文，欧拉也因此被誉为“图论之父”.

1936 年，数学家柯尼希(Konig)出版了第一本图论专著《有限图与无限图的理论》，标志着图论正式成为一门独立的学科. 1936 年以后，计算机、军事、医药、通信网络等领域技术的进展，大大促进了图论的发展. 目前，图论在物理、化学、生物、农业、运筹学、计算机科学、电子学等几乎所有的学科领域都有应用.

1.2 本书研究的意义

在图论的发展历史中，四色猜想是其原动力. 四色猜想就是：任意一个平面图可以用四种颜色来着色，使得任意两个相邻的面染不同的颜色. 四色猜想是由数学家 Francis Guthrie 在 1852 年提出的，最早的文字记载出现于数学家德·摩尔根于同一年写给数学家哈密顿爵士的信中. 1872 年，英国当时最著名的数学家凯利正式向伦敦数学学会提出了这个问题，于是四色猜想成为世界数学界所关注的问题，自此，世界上许多著名的数学家都纷纷投入四色猜想的研究当中. 然而一百多年以后，四色猜想的纯组合证明仍未被解决. 因此，图着色问题以及与其相关的一些问题一直以来都是图论研究的一条主线. 在 20 世纪四五十年代，Tutte 发现平面图的面着色问题既可以转化为平面图的整数流问题，又可以转化为平面图的圈覆盖问题. 自此，整数流问题与圈覆盖问题成为图论的两大研究领域.

本书主要研究了整数流、偶因子和 Fulkerson 覆盖的部分问题.

1.3 最大偶因子与极值

1.3.1 基本术语和符号

在这一部分，我们所考虑的图 $G=(V,E)$ 是一个有限的、无向的简单图(没有环和平行边)，其中 V 是由图 G 的所有顶点组成的集合，E 是由图 G 的所有边组成的集合. 我们用 $G-x$ 表示从图 G 中去掉顶点 $x(x\in V)$ 之后所得到的子图. 对于边集 $E'\subseteq E$，我们用 $G-E'$ 表示从图 G 中去掉边集 E' 中的所有边之后所得到的子图. 我们用 G/e 表示在图 G 中将边 $e=xy\in E$ 去掉，然后将顶点 x 和顶点 y 黏为一个顶点 w 之后所得到的图. 我们将此操作称为“缩边”. 我们用 $P=v_0v_1v_2\cdots v_t$ 表示图 G 中的一条路，其中 v_0，$v_1,v_2,\cdots,v_t\in V$，并且对于每一个整数 $i(0\leqslant i\leqslant t-1)$，$v_iv_{i+1}\in E$. 我们用 $C=v_0v_1v_2\cdots v_lv_0$ 表示图 G 的一个圈，其中 $v_0,v_1,v_2,\cdots,v_l\in V$，并且对于每一个整数 $i(0\leqslant i\leqslant l)$，$v_iv_{i+1}\in E$. 进一步，如果 $V(P)=V$，则称路 P 是图 G 的一条哈密尔顿路. 如果 $V(C)=V$，则称圈 C 是图 G 的一个哈密尔顿圈.

假设图 H 也是一个有限的，无向的简单图(没有环和平行边). 如果 $v\in V$ 是图 G 的一个顶点，则我们用 $d_H(v)$ 表示图 H 中与顶点 v 相邻接的所有顶点的数目. 我们将 $d_H(v)$ 称为顶点 v 在图 H 中的度数. 如果 $H=G$，则为了方便起见，我们用 $d(v)$ 表示顶点 v 在图 G 中的度数(即图 G 中与顶点 v 相邻接的所有顶点的数目). 进一步，如果 $d(v)$ 是一个偶数，则称顶点 v 是图 G 的一个偶度顶点. 如果 $d(v)$ 是一个奇数，则称顶点 v 是图 G 的一个奇度顶点. 我们用 $\delta(G)$表示图 G 的所有顶点的度数中最小的那一个度数. 我们将 $\delta(G)$称为图 G 的最小度. 如果图 H 是由图 G 经过一系列的删点，删边，缩边之后所得到的图，则称图 H 是图 G 的一个广义子图. 如果图 H 是图 G 的一个子图，则在此条件下，如果 $V(H)=V(G)$，则称子图 H 是图 G 的一个支撑子图. 进一步，如果子图 H 中每一个顶点的度数都是正数，则称子图 H 是图 G 的一个因子. 因为偶子图中每一个顶点的度数都是偶数，所以如果因子 H 中每一个顶点的度数都是偶数，则称因子 H 是图 G 的一个偶因子. 特别的，如果偶因子 H 中每一个顶点的度数都是 2，则称偶因子 H 是图 G 的一个 2-因子. 现在将 $V(H)=V(G)$这一限制去掉，则在此情形下，如果子图 H 是一个连通的偶子图，则称子图 H 是图 G 的一个欧拉子图. 如果在图 G 中含有一个支撑的欧拉子图，则称图 G 是一个超欧拉图. 如果在子图 H 中不含有圈，则称子图 H 是图 G 的一个森林. 如果森林 H 是一个连通图，则称森林 H 是图 G 的一棵树. 类似的，如果 $V(H)=V(G)$，则称树 H 是图 G 的一棵支撑树. 假设图 H'也是图 G 的一个子图. 如果 $V(H)\cap V(H')=\varnothing$，则称子图 H 与子图 H'是点不交的. 如果 $E(H)\cap E(H')=\varnothing$，则称子图 H 与子图 H'是边不交的.

1.3.2 所需的图类

Petersen 图如图 1−1 所示.

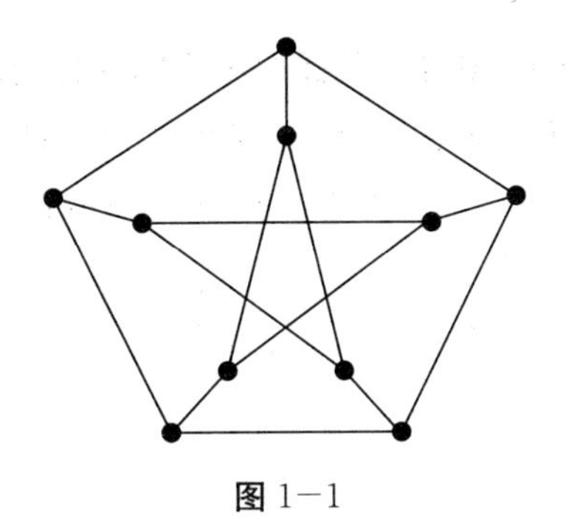

图 1—1

Favaron-Kouider 图如图 1—2 所示.

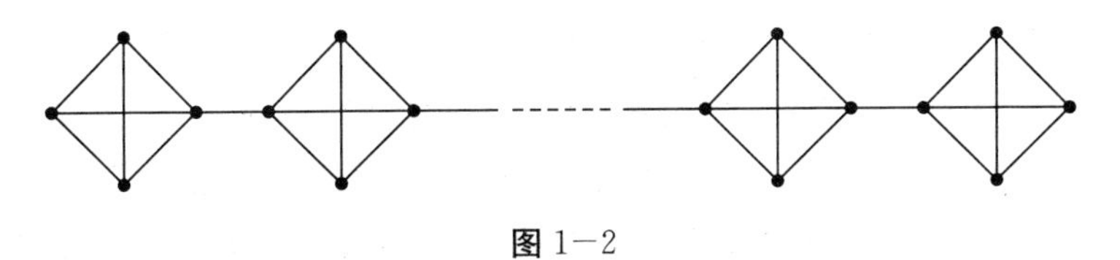

图 1—2

Li et al. 图如图 1—3 所示.

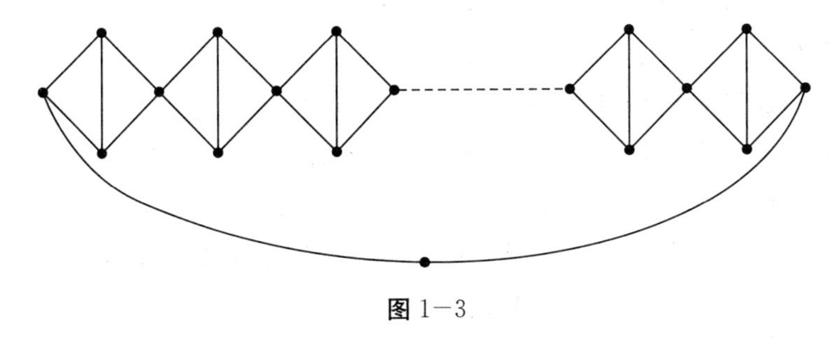

图 1—3

1.3.3 研究背景

1961 年,数学家 Tutte[1] 和 Nash-Williams[2] 分别独立地证明了下面这个定理.

定理 1.1(Tutte[1] 和 Nash-Williams[2]) 如果图 G 是一个 4-

边连通的图,则图 G 中含有两棵边不交的支撑树.

1979 年,图论学家 Jaeger[3-4]证明了下面这两个定理.

定理 1.2(Jaeger[3]) 如果图 G 中含有两棵边不交的支撑树,则图 G 是一个超欧拉图.

定理 1.3(Jaeger[4]) 如果图 G 是一个超欧拉图,则图 G 含有处处不为零的的 4-流.

由定理 1.1 和定理 1.2 可知,任意一个 4-边连通的图是一个超欧拉图.又由定理 1.3 可知,任意一个 4-边连通的图含有处处不为零的 4-流.数学家 Tutte(参看文献[5]和文献[6]中未解决的问题 97)猜想这类图含有处处不为零的 3-流.因为 3-流猜想(猜想 1.29)是图论研究的一个重要领域,所以越来越多的图论学者开始了对超欧拉图的研究.对于超欧拉图的研究主要集中在两个方面:判定一个图是超欧拉图和计算超欧拉图中最大连通偶因子的下确界.

在超欧拉图的判定方面,数学家 Catlin[7]得到了一个非常重要的结论,即下面的定理 1.4.

定理 1.4(Catlin[7]) 令图 G 是一个 2-边连通的图.如果图 G 中至多含有 10 个 3-边割,则要么图 G 是一个超欧拉图,要么图 G 含有 Petersen 图(图 1-1)作为一个广义子图.

在超欧拉图的判定方面,还有很多非常好的结果,只是它们与本书的研究关系不大,因此我们不再做重点介绍.

在超欧拉图最大连通偶因子的下确界方面,图论学家 Catlin(参看文献[8])提出了一个非常重要的猜想.

猜想 1.5(Catlin,参看文献[8]) 如果图 G 是一个超欧拉图,则图 G 中含有一个连通的偶因子 F,使得 $|E(F)| \geqslant \frac{2}{3}|E(G)|$.

显然,如果图 G 是一个三正则的超欧拉图,则图 G 中任意一

个连通的偶因子都是一个哈密尔顿圈. 因此猜想 1.5 对于三正则的超欧拉图是成立的. 在 2004 年,图论学者 Li, Li 和 Mao[8] 证明猜想 1.5 是错误的. 他们构造了一类超欧拉图 ϑ(图 1−3),使得图类 ϑ 中的每一个图 G 满足:图 G 中最大的连通偶因子恰好含有 $\frac{3}{5}|E(G)|+\frac{4}{5}$条边. 因此,他们猜测$\frac{3}{5}$就是所需要的系数.

猜想 1.6 (Li,Li 和 Mao[8]) 如果图 G 是一个超欧拉图,则图 G 中含有一个连通的偶因子 F,使得$|E(F)|\geqslant\frac{3}{5}|E(G)|+\frac{4}{5}$.

猜想 1.6 至今还没有被解决. 如果将“超欧拉图”这个要求放宽到“图 G 含有偶因子”,则“超欧拉图的判定问题”和“超欧拉图最大连通偶因子的下确界问题”便被放宽到“偶因子的存在性问题”和“最大偶因子的下确界问题”.

在偶因子的存在性方面,图论学家 Fleischner [9]得到了下面这个结论,即定理 1.7.

定理 1.7 (Fleischner[9]) 令图 G 是一个 2-边连通的图. 如果 $\delta(G)\geqslant 3$, 则图 G 中含有一个偶因子.

我们已经知道 2-边连通的三正则图是含有 2-因子的. 然而,如果某个 2-边连通的图中含有 2 度顶点,它未必含有偶因子. 因此,在定理 1.7 中,图论学家 Fleischner[9] 将最小度 $\delta(G)$限制在 $\delta(G)\geqslant 3$ 上.

在定理 1.7 的基础上,将最大偶因子的下确界考虑在内,在 1999 年,图论学家 Lai 和 Chen[10] 则得到了下面的结论,即定理 1.8.

定理 1.8 (Lai 和 Chen[10]) 令图 G 是一个 2-边连通的图. 如果 $\delta(G)\geqslant 3$,则图 G 中含有一个偶因子 F,使得$|E(F)|\geqslant\frac{2}{3}|E(G)|$.

显然,如果图 G 是一个 2-边连通的三正则图,则图 G 中任意

一个偶因子恰好含有 $\frac{2}{3}|E(G)|$ 条边. 因此定理 1.8 的结论是紧的. 因为如果 2-边连通的图 G 中含有 2 度顶点,则它未必含有偶因子,所以许多图论学家考虑将定理 1.8 中的条件放宽到"图 G 含有偶因子"上. 在此条件下,2014 年,图论学家 Favaron 和 Kouider[11]得到了下面的结论,即定理 1.9.

定理 1.9 (Favaron 和 Kouider[11]) 如果图 G 中含有偶因子,则图 G 中含有一个偶因子 F,使得 $|E(F)| \geqslant \frac{9}{16}(|E(G)|+1)$.

同样的,在文献[11]中,图论学家 Favaron 和 Kouider 构造了一个图类——Favaron-Kouider 图(图 1-2). 通过计算可知,对于此图类中的每一个图 G,偶因子占全图的比例达到了 $\frac{4}{7}$. 因此他们提出了下面的猜想.

猜想 1.10 (Favaron 和 Kouider[11]) 如果图 G 中含有偶因子,则图 G 中含有一个偶因子 F,使得 $|E(F)| \geqslant \frac{4}{7}(|E(G)|+1)$.

因为在图类 Favaron-Kouider 图(图 1-2)中,偶因子占全图的比例达到了 $\frac{4}{7}$,所以猜想 1.10 的结论是紧的. 在本书中,我们证明猜想 1.10 是成立的. 因此,在"图 G 中含有偶因子"的条件下,最大偶因子的下确界问题被圆满解决.

1.4 次哈密尔顿图的 Fulkerson 覆盖

1.4.1 基本术语和符号

在这一部分，我们所考虑的图 $G=(V,E)$ 是一个无向图（可以有环或者有平行边），其中 V 是由图 G 的所有顶点组成的集合，E 是由图 G 的所有边组成的集合. 我们用 $\bar{G}$ 表示将图 G 中所有的 2 度顶点收缩之后所得到的图（如果在图 G 中不含有 2 度顶点，则不做此操作）. 如果对于图 G 中的每一个顶点 $v\in V$，子图 $G-v$ 中都含有一个哈密尔顿圈，则称图 G 是一个次哈密尔顿图.

假设图 H 是图 G 的一个子图. 我们用 $G-E(H)$ 表示子图 H 在图 G 中的补图. 如果子图 H 是一个 2-边连通的三正则图，并且子图 H 不可以用三种颜色来着色，则称子图 H 是一个 Snark. 如果在子图 H 中，任意两条边都是不邻接的，则称子图 H 是图 G 的一个匹配. 进一步，如果 $V(H)=V$，则称匹配 H 是图 G 的一个完美匹配. 如果在图 G 的所有匹配中（可以没有完美匹配），匹配 H 含有的边数最多，则称匹配 H 是图 G 的一个最大匹配. 我们用 $\alpha'(G)$ 表示图 G 的最大匹配中所含有的边的数目.

我们用 $C=\{C_1,C_2,\cdots,C_k\}$ 表示图 G 中某些偶子图的集合，其中 k 是一个正整数. 如果对于图 G 中的每一条边 $e\in E$，都存在一个正整数 $i(1\leqslant i\leqslant k)$，使得边 $e\in C_i$，则称 C 是图 G 的一个偶子图覆盖. 特别的，如果对于每一个正整数 $i(1\leqslant i\leqslant k)$，偶子图 C_i 都是一个圈，则称 C 是图 G 的一个圈覆盖. 进一步，我们称边 e 被 C_i 覆盖，图 G 被 C 覆盖.

我们用 $M=\{M_1,M_2,\cdots,M_k\}$ 表示图 G 中某些匹配的集合，其中 k 是一个正整数. 如果对于图 G 中的每一条边 $e\in E$，都存在一个正整数 $i(1\leqslant i\leqslant k)$，使得边 $e\in M_i$，则称 M 是图 G 的一个匹配覆盖. 特别的，如果对于每一个正整数 $i(1\leqslant i\leqslant k)$，匹配 M_i 都是一个完美匹配，则称 M 是图 G 的一个完美匹配覆盖. 进一步，我们称边 e 被 M_i 覆盖，图 G 被 M 覆盖.

1.4.2 Flip-Flops

假设 a,b,c,d 是图 G 中四个不同的顶点. 如果图 G 中含有一条以顶点 a 和顶点 b 为端点的哈密尔顿路，则称点对 (a,b) 在图 G 中是好的. 类似的，如果在图 G 中含有两条点不交的路 P_1 和 P_2，使得路 P_1 以顶点 a 和顶点 b 为端点，路 P_2 以顶点 c 和顶点 d 为端点，并且 $V(P_1\cup P_2)=V$，则称点对 $((a,b),(c,d))$ 在图 G 中是好的.

如果五元数组 (G,a,b,c,d) 满足下面的这三个条件：

(1)点对 (a,d)，(b,c) 和点对 $((a,d),(b,c))$ 在图 G 中都是好的，

(2)点对 (a,b)，(b,d)，(d,c)，(c,a)，$((a,b),(c,d))$ 和点对 $((a,c),(b,d))$ 在图 G 中都不是好的，

(3)对于图 G 中的每一个顶点 x，点对集合 $\{(a,c),(b,d),((a,b),(c,d)),((a,c),(b,d))\}$ 中至少含有一个成员在子图 $G-x$ 中是好的，

则称五元数组 (G,a,b,c,d) 是一个 Flip-Flop.

令 $\overline{F}=\{F_8,F_{11},F_{13},F_{14},F_{18},F_{26}\}$（图 1－4、图 1－5）. 显然，对于 $\overline{F}$ 中的每一个成员 $F\in\overline{F}$，F 中含有四个不同的顶点 a，b，c，d，并且五元数组 (F,a,b,c,d) 满足条件(1)，(2)和(3). 因此，$\overline{F}$ 中的每一个成员都是一个 Flip-Flop. 其中 Flip-Flop F_{18} 是

在文献[12]中由图论学家 Collier 和 Schmeichel 构造的，$\bar{F}$ 中其他的五个成员是在文献[13]中由图论学家 Chvátal 构造的.

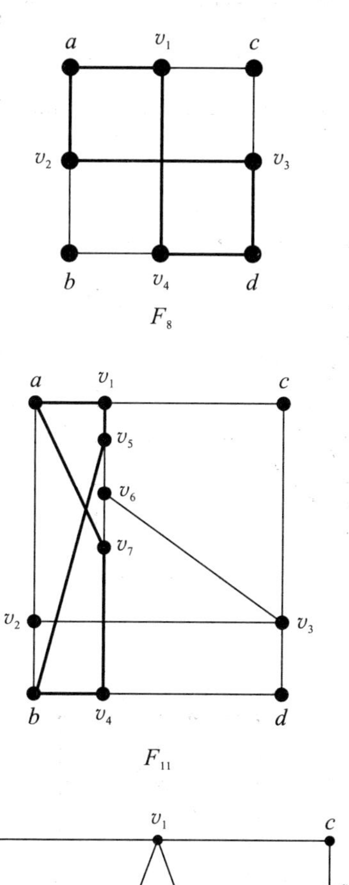

F_8　　F_{11}

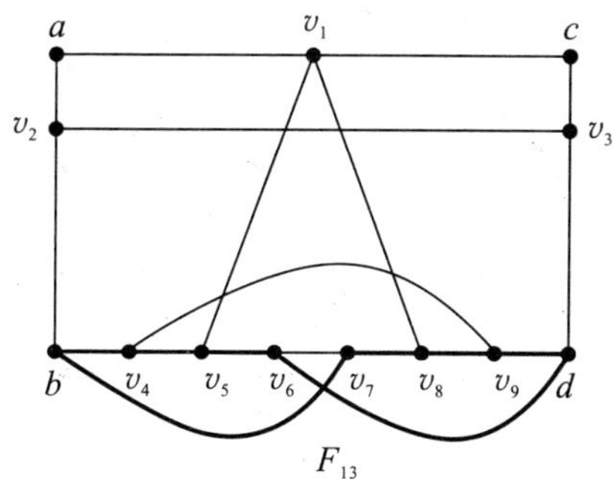

F_{13}

图 1—4

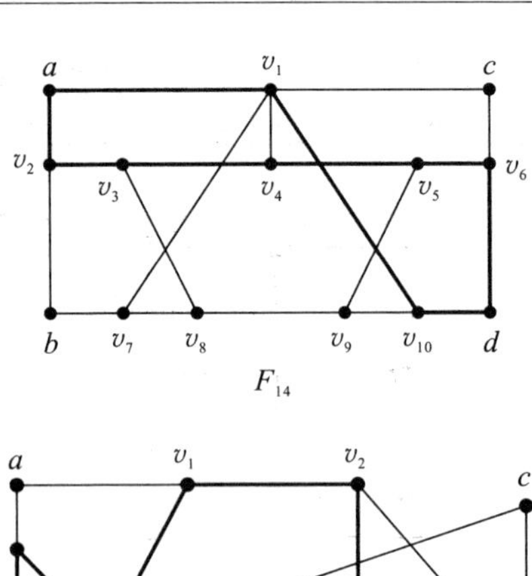

F_{14}

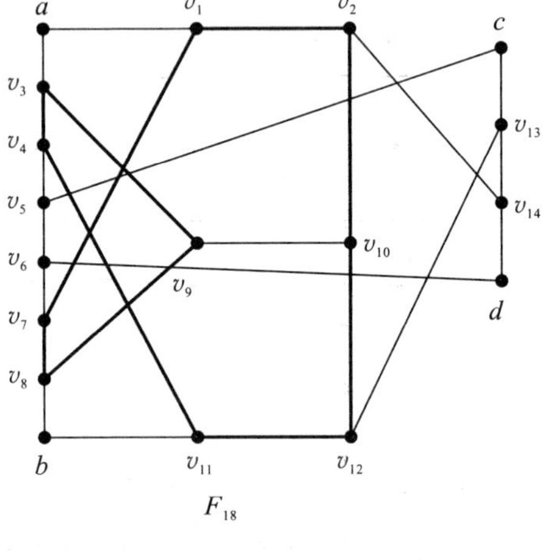

F_{18}

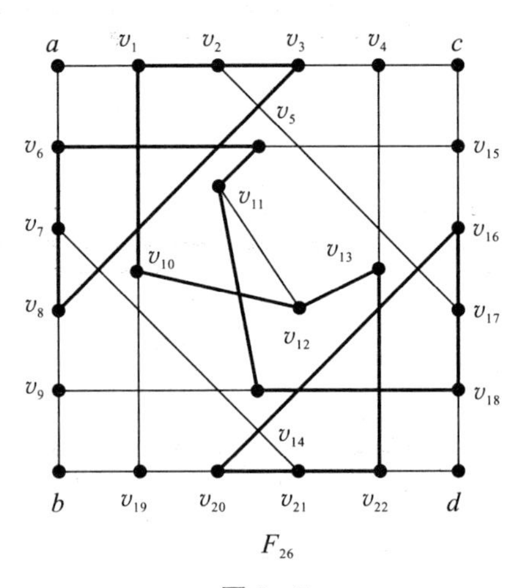

F_{26}

图 1—5

1.4.3　研究背景

Fulkerson 猜想在圈覆盖领域非常重要，也非常具有挑战性. 它是由数学家 Fulkerson[14] 在 1971 年提出来的.

猜想 1.11（Fulkerson 猜想，Fulkerson[14]）　如果图 G 是一个 2-边连通的三正则图，则图 G 可以被 6 个完美匹配覆盖，使得图 G 中的每一条边被其中的 2 个完美匹配覆盖.

我们将满足猜想 1.11 的这 6 个完美匹配称为图 G 的一个 Fulkerson 覆盖. 因为在 2-边连通的三正则图中，完美匹配的补图是一个 2-因子，所以 Fulkerson 猜想又可以用下面的语言重新阐述.

猜想 1.12（Fulkerson 猜想，Fulkerson[14]）　如果图 G 是一个 2-边连通的三正则图，则图 G 可以被 6 个偶子图覆盖，使得图 G 中的每一条边被其中的 4 个偶子图覆盖.

如果将猜想 1.12 中"三正则图"这个条件去掉，在 1983 年，图论学家 Bermond，Jackson 和 Jaeger[15] 则证明了下面的定理.

定理 1.13（Bermond，Jackson 和 Jaeger[15]）　如果图 G 是一个 2-边连通的图，则图 G 可以被 7 个偶子图覆盖，使得图 G 中的每一条边被其中的 4 个偶子图覆盖.

而在 1988 年，图论学家 Jaeger[16] 证明如果将猜想 1.12 中"三正则图"这个条件去掉，则新得到的猜想（猜想 1.14）与猜想 1.12 等价.

猜想 1.14（Jaeger[16]）　如果图 G 是一个 2-边连通的图，则图 G 可以被 6 个偶子图覆盖，使得图 G 中的每一条边被其中的 4 个偶子图覆盖.

显然定理 1.13 是 Fulkerson 猜想（猜想 1.12）方面的一个非常漂亮的结果. 我们将满足猜想 1.14 的这 6 个偶子图也称为图 G

的一个 Fulkerson 覆盖（在证明过程中是不影响的）. 因为 Fulkerson 猜想（猜想 1.12）很难被解决，所以很多图论学家将目光放在了下面的这个猜想上.

猜想 1.15 存在一个整数 K，使得任意一个 2-边连通的（三正则）图 G 可以被 $3h(h \leqslant K)$ 个偶子图覆盖，并且图 G 的每一条边被其中的 $2h$ 个偶子图覆盖.

显然猜想 1.15 是一个比 Fulkerson 猜想（猜想 1.12）更强的版本. 因为当 $K=2$ 时，猜想 1.15 就是 Fulkerson 猜想（猜想 1.12）.

1992 年，图论学家 Fan[17] 得到了下面的定理.

定理 1.16（Fan[17]） 如果图 G 是一个 2-边连通的图，则图 G 可以被 10 个偶子图覆盖，使得图 G 中的每一条边被其中的 6 个偶子图覆盖.

显然当 $K=3$ 时，定理 1.16 几乎解决了猜想 1.15.

现在回到最初的 Fulkerson 猜想（猜想 1.11）. 显然，如果在一个 2-边连通的三正则图 G 上 Fulkerson 猜想（猜想 1.11）成立，则从图 G 的 Fulkerson 覆盖中任意去掉一个完美匹配，剩下的五个完美匹配仍然可以将图 G 覆盖. 因此，图论学家 Berge 提出了下面的猜想（首次出现在文献[18]中）。

猜想 1.17（Berge，参看文献[18]） 如果图 G 是一个 2-边连通的三正则图，则图 G 可以被 5 个完美匹配覆盖.

显然，如果猜想 1.11 成立，则猜想 1.17 也成立. 2011 年，图论学家 Mazzuoccolo[19] 证明这两个猜想是等价的.

定理 1.18（Mazzuoccolo[19]） 猜想 1.11 与猜想 1.17 等价.

然而在一个给定的图 G 上，猜想 1.11 与猜想 1.17 的等价性仍然没有被解决.

在 1994 年，图论学家 Fan 和 Raspaud[20] 提出了一个比 Fulkerson 猜想（猜想 1.11）更弱的版本.

猜想 1.19(Fan 和 Raspaud[20])　如果图 G 是一个 2-边连通的三正则图,则图 G 中含有三个完美匹配 M_1, M_2 和 M_3,使得

$$M_1 \cap M_2 \cap M_3 = \varnothing.$$

显然,如果在一个 2-边连通的三正则图 G 上 Fulkerson 猜想(猜想 1.11)成立,则从图 G 的 Fulkerson 覆盖中任意取出三个完美匹配,此三个完美匹配满足猜想 1.19 的结论. 因此,如果 Fulkerson 猜想(猜想 1.11)成立,则猜想 1.19 也成立. 到目前为止,猜想 1.19 还没有被解决. 由此也可以看出, Fulkerson 猜想(猜想 1.11)确实很有难度. 很明显,如果图 G 是一个三边可着色的三正则图,则在图 G 上 Fulkerson 猜想(猜想 1.11)成立. 因此,如果我们可以证明 Fulkerson 猜想(猜想 1.11)在 Snarks(非三边可着色的 2-边连通的三正则图)上成立,则 Fulkerson 猜想(猜想 1.11)成立. 因为在一般的 Snarks 上,Fulkerson 猜想(猜想 1.11)没有多少进展,所以越来越多的图论学者将目光放在了一些具有特殊性质的 Snarks 上. 2003 年,数学家 Häggkvist[21]在第五届斯洛文尼亚会议上提出了下面的猜想.

猜想 1.20(Häggkvist[21])　如果图 G 是一个三正则的次哈密尔顿图,则图 G 含有一个 Fulkerson 覆盖.

2007 年,猜想 1.20 在《离散数学》杂志上发表. 2009 年,图论学者 Hao, Niu, Wang, Zhang 和 Zhang[22]证明了下面这个技巧,即定理 1.21.

定理 1.21(Hao, Niu, Wang, Zhang 和 Zhang[22])　如果图 G 是一个 2-边连通的三正则图,则图 G 含有 Fulkerson 覆盖的充要条件是图 G 中含有两个边不交的匹配 M_1 和 M_2,使得 $M_1 \cup M_2$ 是一个偶子图,并且对于每一个正整数 $i=1,2$,图 $\overline{G-M_i}$ 是三边可着色的.

定理 1.21 是 Fulkerson 猜想(猜想 1.11)方面最漂亮的技巧之一了. 运用此技巧,图论学者 Hao, Niu, Wang, Zhang 和

Zhang[22]证明 Fulkerson 猜想(猜想 1.11)在 Goldberg Snarks 和 Flower Snarks(图 1—6)上成立. 在本书,我们提出了一个与定理 1.21 等价的技巧. 利用此等价技巧,我们可证明 Fulkerson 猜想(猜想 1.11)在某些特殊的次哈密尔顿图上成立.

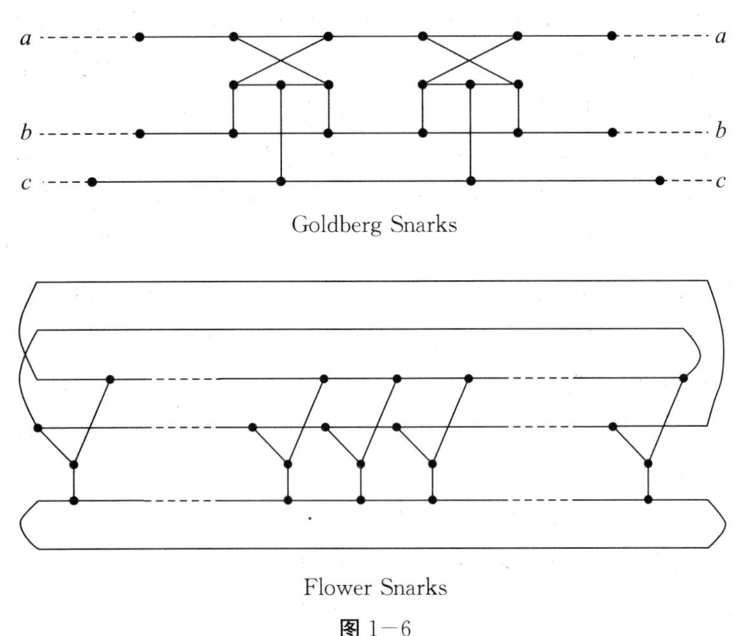

图 1—6

1.5 3-流猜想与边连通度

1.5.1 基本术语和符号

在这一部分,我们所考虑的图 $G=(V,E)$是一个无向,无环的图(可以有平行边),其中 V 是由图 G 的所有顶点组成的集合,E 是由图 G 的所有边组成的集合. 如果我们可以将图 G 在平面上或者球面上画出,使得图 G 中的任意两条边只在顶点处相交,则称图 G 是一个可平面图. 图 G 的这种平面画法称为图 G 的一个平面嵌入. 我们将此平面嵌入称为平面图. 因为一个可平面图和其平面嵌入是同构的,所以在一般情况下不需做严格区分. 显然,一个平面图将平面分割成了若干个连通区域. 我们将这些连通区域的闭包称为此平面图的面,围成一个面 f 的所有的边构成的回路称为面 f 的边界. 如果在此平面图中含有一条边同时落在两个面的边界上,则称这两个面是相邻的. 如果图 G 不是一个可平面图,则称图 G 是一个非平面图.

假设图 H 也是一个无向,无环的图(可以有平行边). 如果图 H 是图 G 的一个子图,$v \in V$ 是图 G 的一个顶点,则我们用 $d_H(v)$ 表示图 G 中一个端点是顶点 v,另一个端点在子图 H 中的所有边的数目. 我们将 $d_H(v)$ 称为顶点 v 在子图 H 中的度数. 如果 $H=G$,则为了方便起见,我们用 $d(v)$ 表示顶点 v 在图 G 中的度数(即图 G 中与顶点 v 相关联的所有边的数目). 如果 $d(v)$ 是一个偶数,则称顶点 v 是图 G 的一个偶度顶点. 如果 $d(v)$ 是一个奇数,则称顶点 v 是图 G 的一个奇度顶点.

假设 X 和 Y 是顶点集 V 的两个不相交的子集. 我们用 $\partial_G(X,Y)$ 表示图 G 中一个端点在 X 中,另一个端点在 Y 中的所有边组成的集合. 特别地,如果 $Y=V-X$,则称 $\partial_G(X)=\partial_G(X,V-X)$ 是图 G 的一个边割. 如果 $|\partial_G(X)|=k$,则称边集 $C=\partial_G(X)$ 是图 G 的一个 k-边割. 进一步,如果在图 G 中不含有小于 k 的边割,则称图 G 是 k-边连通的. 假设图 $D=(V,A)$ 是无向图 $G=(V,E)$ 的一个定向图,其中 A 是将边集 E 中的每一条边定向之后所得到的集合. 我们将 A 称为有向图 D 的弧集. 我们将弧集 A 中的每一条有向边称为有向图 D 的一条弧. 我们用 $\partial_D^+(X,Y)$ 表示有向图 D

中尾端点在 X 中，头端点在 Y 中的所有弧组成的集合. 我们用 $\partial_D^-(X,Y)$ 表示有向图 D 中尾端点在 Y 中，头端点在 X 中的所有弧组成的集合. 特别地，如果 $Y=V-X$，则称$\partial_D^+(X)=\partial_D^+(X,V-X)$是有向图 D 的关于顶点子集 X 的一个出割，$\partial_D^-(X)=\partial_D^-(X,V-X)$是有向图 D 的关于顶点子集 X 的一个入割. 我们用 $d_D^+(X)=|\partial_D^+(X)|$ 和 $d_D^-(X)=|\partial_D^-(X)|$ 表示顶点子集 X 在有向图 D 中的出度和入度.

定义 1.22 令 $G=(V,E)$是一个无环图(可以有平行边)，$D(V,A)$是无向图 G 的一个定向图. 如果映射

$$f:A(D)\mapsto\{0,\pm 1,\pm 2,\cdots,\pm(k-1)\}$$

满足对于每一个顶点 $v\in V(G)$有

$$\sum_{e\in\partial_D^+(v)} f(e)=\sum_{e\in\partial_D^-(v)} f(e)$$

成立，则称有序对(D,f)是图 G 的一个整数 k-流.

定义 1.23 令 $G=(V,E)$是一个无环图(可以有平行边)，$D(V,A)$是无向图 G 的一个定向图. 如果映射

$$f:A(D)\mapsto\{\pm 1,\pm 2,\cdots,\pm(k-1)\}$$

满足对于每一个顶点 $v\in V(G)$有

$$\sum_{e\in\partial_D^+(v)} f(e)=\sum_{e\in\partial_D^-(v)} f(e)$$

成立，则称有序对(D,f)是图 G 的一个处处不为零的整数 k-流.

定义 1.24 令 $G=(V,E)$是一个无环图(可以有平行边)，$D(V,A)$是无向图 G 的一个定向图. 如果映射

$$f:A(D)\mapsto Z$$

满足对于每一个顶点 $v\in V(G)$有

$$\sum_{e\in\partial_D^+(v)} f(e)\equiv\sum_{e\in\partial_D^-(v)} f(e)\pmod{k}$$

成立，则称有序对(D,f)是图 G 的一个模 k-流. 其中 Z 代表整数集.

定义 1.25　令 $G=(V,E)$ 是一个无环图(可以有平行边)，$D(V,A)$ 是无向图 G 的一个定向图. 如果映射

$$f:A(D)\mapsto Z-\{0\}$$

满足对于每一个顶点 $v\in V(G)$ 有

$$\sum_{e\in\partial_D^+(v)} f(e)\equiv\sum_{e\in\partial_D^-(v)} f(e)\pmod{k}$$

成立，则称有序对 (D,f) 是图 G 的一个处处不为零的模 k-流，D 是图 G 的一个模 k 的定向.

定义 1.26　(1)如果映射 $\beta_G:V(G)\mapsto Z_k$ 满足

$$\sum_{v\in V(G)}\beta_G(v)\equiv 0\pmod{k}$$

则称映射 β_G 是图 G 的一个 Z_k-界.

(2)如果对于每一个 Z_k-界 β_G，相应地存在一个定向 D_{β_G} 和一个函数 $f_{\beta_G}:E(G)\mapsto Z_k-\{0\}$，使得对于每一个顶点 $v\in V(G)$，有

$$\sum_{e\in\partial_{D_{\beta_G}}^+(v)} f_{\beta_G}(e)-\sum_{e\in\partial_{D_{\beta_G}}^-(v)} f_{\beta_G}(e)\equiv\beta_G(v)\pmod{k}$$

成立，则称图 G 是 Z_k-连通的. 其中 Z_k 是一个 k 阶循环群.

1.5.2　研究背景

作为平面图面着色问题的推广，在 20 世纪四五十年代，图论学家 Tutte[23-24] 提出了整数流的概念(定义 1.22 和定义 1.23). 下面是图论学家 Tutte 在整数流领域提出的几个非常著名的猜想.

猜想 1.27(5-流猜想，Tutte[24])　任意一个 2-边连通的图 G 含有处处不为零的 5-流.

猜想 1.28(4-流猜想，Tutte[25])　任意一个不含有 Petersen 图(图 1-1)作为广义子图的 2-边连通的图 G 含有处处不为零的 4-流.

猜想 1.29(3-流猜想,Tutte;参看文献[5]和文献[6]未解决的问题 97) 任意一个不含有 3-边割的 2-边连通的图 G 含有处处不为零的 3-流.

Tutte 发现猜想 1.29 也可以用下面的语言来陈述.

猜想 1.30(3-流猜想,Tutte;参看文献[5]和文献[6]中未解决的问题 97) 任意一个 4-边连通的图 G 含有处处不为零的 3-流.

自从 60 多年以前,图论学家 Tutte[24] 提出整数流问题以来,越来越多的图论学者将目光放在了非零流存在性问题的研究上.尽管 4-流猜想和 5-流猜想非常重要,本书中我们主要研究 3-流猜想. 首先,我们简略介绍一下 4-流猜想和 5-流猜想的进展.

对于 4-流猜想来说,4-流猜想(猜想 1.28)是四色猜想的推广. 而在 1977 年和 1989 年,数学家 Appel 和 Haken 等人接连发表了三篇文章将四色猜想给解决了.

定理 1.31(四色定理,Appel 和 Haken[26-27], Appel, Haken 和 Koch[28]) 任意一个平面图 G 可以用 4 种颜色来着色,使得任意两个相邻的面染不同的颜色.

Appel 和 Haken 等人的证明思想是借助于计算机的,并不是纯组合的证明. 1997 年,数学家 Robertson, Sanders, Seymour 和 Thomas[29] 运用 Appel 和 Haken 等人[26-28] 的证明思想给出了四色定理(定理 1.31)的一个更简短的证明.

定理 1.32(Robertson, Sanders, Seymour 和 Thomas[29]) 任意一个平面图 G 可以用 4 种颜色来着色,使得任意两个相邻的面染不同的颜色. 等价的命题即是任意一个 2-边连通的平面图 G 含有处处不为零的 4-流.

由定理 1.32 可知,任意一个 2-边连通的平面图 G 含有处处不为零的 4-流. 我们已经知道平面图不含有 K_5 和 $K_{3,3}$ 作为广义子图. 因此,我们考虑:2-边连通的图不含有 K_5(可以含有 $K_{3,3}$)作为广义子图时,它是否含有处处不为零的 4-流? 2-边连通的图不含有$K_{3,3}$(可以含有K_5)作为广义子图时,它是否含有处处不为零的4-流?

1980年,数学家Walton和Welsh[30]证明了下面的定理.

定理1.33(Walton和Welsh[30]) 令图G是一个2-边连通的图.如果图G不含有$K_{3,3}$作为广义子图,则图G含有处处不为零的4-流.

当2-边连通的图不含有K_5作为广义子图时,它是否含有处处不为零的4-流,这一问题至今还没有被解决.1995年,图论学家Lai[31]证明,4-流猜想(猜想1.28)对于至多含有17个顶点并且不含有Petersen图作为广义子图的2-边连通的图G是成立的.

定理1.34(Lai[31]) 令图G是一个2-边连通的图.如果图G中至多含有17个顶点,则要么图G含有处处不为零的4-流,要么图G含有Petersen图作为广义子图.

1999年,图论学者Thomas[32]证明,如果2-边连通的三正则图G不含有Petersen图作为广义子图,则图G含有处处不为零的4-流.

定理1.35(Thomas[32]) 令图G是一个2-边连通的三正则图.如果图G不含有Petersen图作为广义子图,则图G是三边可着色的.等价的命题即是如果图G不含有Petersen图作为广义子图,则图G含有处处不为零的4-流.

由定理1.35可知,2-边连通的三正则图满足4-流猜想(猜想1.28).这是4-流猜想史上的一个重大突破.然而对于一般的2-边连通的图G来说,4-流猜想(猜想1.28)仍然没有被解决.

对于5-流猜想(猜想1.27)来说,5-流猜想(猜想1.27)是五色定理(定理1.36)的推广.

定理1.36(五色定理,Heawood[33]) 如果图G是一个2-边连通的平面图,则图G可以用5种颜色来着色,使得任意两个相邻的面染不同的颜色.等价的命题即是如果图G是一个2-边连通的平面图，则图 G 含有处处不为零的 5-流.

由定理 1.36(五色定理)可知，2-边连通的平面图含有处处不为零的 5-流. 然而对于 2-边连通的非平面图，5-流猜想(猜想 1.27)仍然没有被解决. 20 世纪 70 年代，图论学家 Jaeger[4,34] 和 Kilpatrick[35] 分别独立地证明了下面这个定理.

定理 1.37(Jaeger[4,34] 和 Kilpatrick[35]) 如果图 G 是一个 2-边连通的图，则图 G 含有处处不为零的 8-流.

1981 年，图论学家 Seymour[36] 改进了定理 1.37 的结论，得出下面的定理.

定理 1.38(Seymour[36]) 如果图 G 是一个 2-边连通的图，则图 G 含有处处不为零的 6-流.

定理 1.38 是迄今为止 5-流猜想(猜想 1.27)研究史上最好的结果.

我们已经简略介绍了 4-流猜想(猜想 1.28)和 5-流猜想(猜想 1.27)的发展历程，现在我们将目光放在我们所要研究的主要内容——3-流猜想(猜想 1.29)上. 3-流猜想(猜想 1.29)是作为 Grötzsch 三色定理(定理 1.39)的对偶版本而由数学家 Tutte 提出来的. 3-流猜想(猜想 1.29)的研究已经接近尾声，但在此期间仍涌现出很多非常漂亮的结果.

1958 年，数学家 Grötzsch[37] 得到了下面的定理.

定理 1.39(三色定理，Grötzsch[37]) 如果图 G 是一个 4-边连通的平面图，则图 G 可以用 3 种颜色来着色，使得任意两个相邻的面染不同的颜色. 等价的命题即是如果图 G 是一个 4-边连通的平面图，则图 G 含有处处不为零的 3-流.

由定理 1.39(三色定理)可知，3-流猜想(猜想 1.29)对于 4-边连通的平面图是成立的. 然而对于 4-边连通的非平面图，3-流猜想(猜想 1.29)仍然没有被解决. 1963 年，数学家 Grünbaum[38](或者看 Aksionov[39])证明了一个与定理 1.39(三色定理)等价的命题，得出下面的定理.

定理 1.40(Grünbaum[38],或者参看文献[39])　令图 G 是一个 2-边连通的平面图. 如果图 G 中至多含有 3 个 3-边割,则图 G 可以用 3 种颜色来着色,使得任意两个相邻的面染不同的颜色. 等价的命题即是,如果 2-边连通的平面图 G 中至多含有 3 个 3-边割,则图 G 含有处处不为零的 3-流.

1979 年,数学家 Jaeger[4] 提出了弱 3-流猜想.

猜想 1.41(弱 3-流猜想,Jaeger[4])　存在一个自然数 h,使得任意一个 h-边连通的图含有处处不为零的 3-流.

1991 年,数学家 Alon, Linial 和 Meshulam[40] 部分解决了弱 3-流猜想(猜想 1.41),得出下面的定理.

定理 1.42(Alon, Linial 和 Meshulam[40])　如果图 G 是一个 $2\lceil \log_2(n) \rceil$-边连通的图,则图 G 含有处处不为零的 3-流. 其中 n 是图 G 的顶点数.

1992 年,图论学家 Lai 和 Zhang[41] 也部分解决了弱 3-流猜想(猜想 1.41),得出下面的定理.

定理 1.43(Lai 和 Zhang[41])　如果图 G 是一个 $4\lceil \log_2(n_0) \rceil$-边连通的图,则图 G 含有处处不为零的 3-流. 其中 n_0 是图 G 中奇度顶点的数目.

2001 年和 2002 年,图论学者 Kochol 提出了若干个 3-流猜想(猜想 1.29)的等价命题. 下面是本书所需要的其中两个等价猜想.

猜想 1.44(Kochol[42])　如果图 G 是一个 5-边连通的图,则图 G 含有处处不为零的 3-流.

猜想 1.45(Kochol[43])　令图 G 是一个 2-边连通的图. 如果图 G 中至多含有 3 个 3-边割,则图 G 含有处处不为零的 3-流.

显然,如果猜想 1.44 或者猜想 1.45 成立,则 3-流猜想(猜想 1.29)也成立. 然而这些等价猜想也是很难解决的. 因此很多图论学者将重点放在了刻画这些等价猜想的最小反例上. 因为最小反例不是本书的研究重点,所以我们不再重点介绍.

作为非零流问题的推广,1992 年,图论学家 Jaeger, Linial, Payan 和 Tarsi[44]提出了 Z_k-连通(定义 1.26)的概念,并且提出了下面的猜想.

猜想 1.46(Jaeger,Linial,Payan 和 Tarsi[44]) 如果图 G 是一个 5-边连通的图,则图 G 是 Z_3-连通的.

由 Z_3-连通的定义[定义 1.26(2)]和猜想 1.44 可知,如果猜想 1.46 成立, 则 3-流猜想(猜想 1.29)也成立.

2012 年,图论学家 Thomassen[45]证明了猜想 1.46 对于 8-边连通的图是成立的.

定理 1.47(Thomassen[45]) 如果图 G 是一个 8-边连通的图,则图 G 是 Z_3-连通的,从而图 G 含有处处不为零的 3-流.

显然定理 1.47 解决了弱 3-流猜想(猜想 1.41). 因此定理 1.47 在 3-流猜想(猜想 1.29)的发展史上具有划时代的意义. 2013 年, 图论学家 Lovász, Thomassen, Wu 和 Zhang[46] 改进了 Thomassen[45]的证明. 他们得到了一个比定理 1.47 更强的结论, 即定理 1.48.

定理 1.48(Lovász, Thomassen, Wu 和 Zhang[46]) 如果图 G 是一个 6-边连通的图,则图 G 是 Z_3-连通的,从而图 G 含有处处不为零的 3-流.

图论学者 Kochol 在文献[42]中已经证明 3-流猜想(猜想 1.29)与猜想 1.44 等价,因此定理 1.48 几乎解决了 3-流猜想. 到目前为止,定理 1.48 的结论是 3-流猜想(猜想 1.29)方面最好的结果了.

1.6　本书的主要研究工作

1.6.1　最大偶因子与极值

在最大偶因子的下确界方面，本书主要得到了下面这个定理.

定理 1.49　如果简单图 G 中含有偶因子，则图 G 中含有一个偶因子 F，使得 $|E(F)| \geqslant \frac{4}{7}(|E(G)|+1)$.

定理 1.49 完全解决了图论学家 Favaron 和 Kouider 的猜想(猜想 1.10). 进一步，我们刻画出了当系数恰好是 $\frac{4}{7}$ 时的所有的极图. 此定理的证明将在第 2 章中给出.

1.6.2　次哈密尔顿图的 Fulkerson 覆盖

在 Fulkerson 猜想方面，本书主要得到了下面这个定理.

定理 1.50　如果图 G 是一个 2-边连通的图，则图 G 含有 Fulkerson 覆盖的充要条件是图 G 中含有两个不相交的边集 E_1 和 E_2，使得 $E_1 \cup E_2$ 是一个偶子图，并且对于每一个正整数 $i=1, 2$，子图 $G-E_i$ 含有处处不为零的 4-流.

运用此定理，我们证明 Fulkerson 猜想在若干类的次哈密尔顿图以及若干类的 Flip-Flops 上是成立的. 它们的证明将在第 3 章中给出.

1.6.3 3-流猜想与边连通度

在 3-流猜想方面，本书主要得到了下面这两个定理.

定理 1.51 令图 G 是一个 2-边连通的图，$P=\{C=\partial_G(X): |C|=3, X\subset V(G)\}$ 是图 G 中 3-边割的集合，$Q=\{C=\partial_G(X): |C|=5, X\subset V(G)\}$ 是图 G 中 5-边割的集合. 如果 $2|P|+|Q|\leqslant 7$，则图 G 含有处处不为零的 3-流.

定理 1.52 令图 G 是一个 5-边连通的图. 如果图 G 中至多含有 5 个 5-边割，则图 G 是 Z_3-连通的.

由定理 1.51，我们可以推出下面的两个定理.

定理 1.53 令图 G 是一个 4-边连通的图. 如果图 G 中至多含有 7 个 5-边割，则图 G 含有处处不为零的 3-流.

定理 1.54 令图 G 是一个 2-边连通的图. 如果图 G 中至多含有 3 个 3-边割，不含有 5-边割，则图 G 含有处处不为零的 3-流.

定理 1.53，定理 1.54 和定理 1.52 分别部分地解决了 Tutte 的 3-流猜想，Kochol 的猜想(猜想 1.45)和 Jaeger 等人的猜想(猜想 1.46). 它们的证明将在第 4 章中给出.

第2章　最大偶因子与极值

2.1　准备条件

假设 M 是图 G 的一个匹配，$v\in V(G)$ 是图 G 的一个顶点. 我们用 $E_G(v)$ 表示图 G 中与顶点 v 相关联的所有边组成的一个集合. 我们用 $N_G(v)$ 表示图 G 中与顶点 v 相邻接的所有顶点组成的一个集合. 在不引起混淆的情况下，可以将下标 G 去掉. 如果顶点 v 与匹配 M 中的某一条边相关联，则称顶点 v 是 M-饱和的；否则，称顶点 v 是 M-不饱和的. 假设 $C=v_1v_2\cdots v_tv_1$ 是图 G 的一个圈. 我们称 t（圈 C 中边的数目）是圈 C 的长度. 如果 t 是一个偶数，则称圈 C 是图 G 的一个偶圈. 如果 t 是一个奇数，则称圈 C 是图 G 的一个奇圈.

下面的几个操作在本书的证明过程中非常重要：

点分裂操作. 令 $v\in V(G)$ 是图 G 的一个顶点. 用两个顶点 v_1 和 v_2 来代替顶点 v，使得在新图 G_1 中，顶点 v_1 和顶点 v_2 满足：

(1)$E_{G_1}(v_1)\cap E_{G_1}(v_2)=\varnothing$；

(2)$E_{G_1}(v_1)\cup E_{G_1}(v_2)=E_G(v)$；

(3)$E_{G_1}(v_1)$和$E_{G_1}(v_2)$皆非空.

则称在图G中,将顶点v分裂为两个顶点v_1和v_2.

对称差操作. 令A和B是图G的两个偶子图. 我们将$(A\cup B)-(A\cap B)$称为偶子图A和偶子图B的对称差. 我们将此操作用"$A\oplus B$"表示.

显然$A\oplus B=(A\cup B)-(A\cap B)$也是图$G$的一个偶子图.

分解操作. 令图$G_1,G_2,\cdots,G_k$是图G的k个子图. 如果下面的两个条件成立:

(1)$E(G_1)\cup E(G_2)\cup\cdots\cup E(G_k)=E(G)$,

(2)图$G_1,G_2,\cdots,G_k$是两两边不交的,

则称图$G_1,G_2,\cdots,G_k$是图G的一个分解.

如果对于每一个正整数$i(1\leqslant i\leqslant k)$,图$G_i$是一个圈,则称图$G_1,G_2,\cdots,G_k$是图$G$的一个圈分解;如果对于每一个正整数$i(1\leqslant i\leqslant k)$,图$G_i$是一条路,则称图$G_1,G_2,\cdots,G_k$是图$G$的一个路分解.

现在我们给出图G的两类子图的定义,它们在本书的证明过程中会经常被用到.

定义 2.1 令V_1是图G的一个顶点子集. 如果图$G[V_1]$满足下面的两个条件:

(1)图$G[V_1]$以顶点子集V_1为顶点集,

(2)$\forall e\in E(G[V_1])$,边e的两个端点皆在顶点子集V_1中,

则称图$G[V_1]$是由顶点子集V_1诱导出的子图.

定义 2.2 令E_1是图G的一个边子集. 如果图$G[E_1]$满足下面的两个条件:

(1)图$G[E_1]$以边子集E_1为边集,

(2)$\forall v\in V(G[E_1])$,顶点v和边集E_1中的某一条边相关联,

则称图$G[E_1]$是由边子集E_1诱导出的子图.

2.2　主要的结论

2.2.1　定理 1.49 的证明

定理 1.49　如果简单图 G 中含有偶因子，则图 G 中含有一个偶因子 F，使得 $|E(F)| \geqslant \frac{4}{7}(|E(G)|+1)$.

证明：在图 G 中选取一个偶因子 H，使得偶因子 H 满足下面的两个条件：

（ⅰ）$|E(H)|$ 最大；

（ⅱ）在条件（ⅰ）成立的前提下，偶因子 H 中的连通分支数最少.

假设 A 是偶因子 H 中的一个连通分支，W 是 A 欧拉迹（经过 A 的每一条边恰好一次的闭迹）. 如果顶点 $x(\in V(A))$ 是一个度数为 $2l(l=2,3,4,\cdots)$ 的顶点，则将顶点 x 分裂成 l 个 2 度顶点，使得每一个这样的 2 度顶点都与欧拉迹 W 中的两条连续的边相关联.

经过这种“点分裂”操作之后，A 被分裂成一个长度为 $|E(A)|$ 的圈. 将这种操作方式应用到偶因子 H 中的每一个连通分支，我们可以得到一个新图 G'. 其中，偶因子 H 经过点分裂操作之后所得到的图即为新图 G' 中的一个 2-因子 F. 显然 $E(F)=E(H)$.

为了简便起见，我们令

$$n=|V(G')|=|E(F)|=|E(H)|,$$

令

$$R = G' - E(F),$$

由偶因子 H 的选择(ⅰ)可知,R 是一个森林(不含有圈).

在 2-因子 F 中选择一个最大匹配 B,使得最大匹配 B 满足:如果圈 C 是 2-因子 F 中的一个奇圈,则圈 C 中唯一的那个 B-不饱和顶点是图 G' 的诱导子图 $G'[V(C)]$ 中的最大度顶点.

为了简便起见,以后再提到森林 R,我们所要表达的意思就是它的边集 $E(R)$. 因此我们用 $R \cup B$ 表示 $E(R) \cup B$.

在我们的证明过程中,最关键的就是偶因子 H 和最大匹配 B 的选择,以及 $R \cup B$ 中圈的数目的计算. 因为我们已经选出了偶因子 H 和最大匹配 B,所以接下来我们证明的重点就是计算 $R \cup B$ 中圈的数目.

将森林 R 中的边都染成红色,将最大匹配 B 中的边都染成蓝色. 我们可以得到下面的引理.

引理 2.3 如果 C 是 $R \cup B$ 中的一个圈,则圈 C 中的边是红—蓝交替的.

证明:因为 F 是图 G' 中的一个 2-因子,所以 $F \oplus C$ 是图 G' 中的一个偶因子. 由偶因子 H 的最大性可知,$|F \oplus C| \leqslant |F|$. 由此可以推出 $|C \cap R| \leqslant |C \cap B|$. 又因为 B 是一个最大匹配,所以 $|C \cap R| = |C \cap B| = \frac{1}{2}|C|$,并且圈 C 中的边是红—蓝交替的. 引理 2.3 得证.

引理 2.4 $R \cup B$ 中的圈是两两点不交的.

证明:我们用反证法来证明这个引理. 如果此引理不成立,则在 $R \cup B$ 中存在两个圈 C_1 和 C_2,使得圈 C_1 和圈 C_2 是点相交的. 令 $Q = C_1 \cup C_2$,则在 Q 中存在一个顶点 x,使得 $d_Q(x) \geqslant 3$. 因为 C_1 和 C_2 都是圈,所以 $d_Q(x) \leqslant 4$. 如果 $d_Q(x) = 4$,则顶点 x 在 $C_1 \oplus C_2$ 中的度数是 4. 又因为 $C_1 \oplus C_2$ 是一个偶子图,所以

$C_1 \oplus C_2$是一个由边不交的圈组成的集合. 由引理 2.3 可知,$C_1 \oplus C_2$中每一个这样的圈都是红—蓝交替的. 因此顶点 x 与两条蓝边相关联,与 B 是一个匹配矛盾.

因为 $d_Q(x) \geqslant 3$,所以 $d_Q(x)=3$. 假设 e_1,e_2,e_3 是与顶点 x 相关联的三条边,其中 $e_1 \in C_1, e_2 \in C_2, e_3 \in C_1 \cap C_2$. 如果 e_3 是一条蓝边(红边),则边 e_1 和边 e_2 都是红边(蓝边). 但是边 e_1 和边 e_2 同时含在 $C_1 \oplus C_2$ 的某个圈中,与引理 2.3 矛盾. 引理 2.4 得证.

引理 2.5　如果 C 是 $R \cup B$ 中的一个圈,则在 2-因子 F 中含有一个圈 C',使得 $|C \cap C'| \geqslant 2$.

证明:我们用反证法来证明这个引理. 如果此引理不成立,则在 $R \cup B$ 中含有一个圈 C,使得对于 2-因子 F 中的任意一个圈 C',都有 $|C \cap C'| \leqslant 1$. 此时,$F \oplus C$ 中的连通分支数比 2-因子 F 中的连通分支数少. 因为 $|C \cap C'| \leqslant 1$,所以 $F \oplus C$ 中含有的边数与 2-因子 F 中含有的边数相同. 令 H_1 是图 G 中与 $F \oplus C$ 相对应的那个偶因子. 则偶因子 H_1 与偶因子 H 含有相同的边数,并且偶因子 H_1 中的连通分支数比偶因子 H 中的连通分支数少. 这与偶因子 H 的选择(ⅱ)是矛盾的. 引理 2.5 得证.

如果在 2-因子 F 中只含有偶圈,则由引理 2.3 可知,在 $R \cup B$ 中至多含有$\frac{n}{4}$个圈. 因此在 $R \cup B$ 中至多含有$\frac{n}{4}+n-1$条边. 又因为$|R \cup B|=|R|+|B|$和$|B|=\frac{n}{2}$,所以$|R| \leqslant \frac{n}{4}+n-1-\frac{n}{2}=\frac{3}{4}n-1$. 因此$|E(G)|=|R|+|E(F)| \leqslant \frac{7}{4}n-1$. 将 $n=|E(H)|$代入上式,可得$|E(H)| \geqslant \frac{4}{7}(|E(G)|+1)$,定理得证.

因此,在本书的证明中我们只需要考虑 2-因子 F 中含有奇圈这一情形即可. 为了处理这种情形,我们证明了下面的这两个引理.

引理 2.6 如果 C 是 2-因子 F 中的一个奇圈，D 是图 G' 中由顶点子集 $V(C)$ 诱导出的子图，则在 D 中存在一个 B-饱和顶点 v，使得 $d_D(v)=2$.

证明：我们用反证法来证明这个引理. 如果此引理不成立，则由最大匹配 B 的选择可知，$\delta(D)\geqslant 3$. 此时，$|E(D)|\geqslant \frac{3}{2}|V(D)|$. 又因为 $|V(D)|=|C|$ 是一个奇数，所以 $|E(D)|>\frac{3}{2}|V(D)|=\frac{3}{2}|C|$. 由定理 1.8 可知，在 D 中含有一个偶因子 A'，使得 $|E(A')|\geqslant\frac{2}{3}|E(D)|>|C|$. 显然 A' 给出了图 G 中的一个偶子图 A''，使得 $|E(A'')|=|E(A')|>|C|$. 将偶因子 H 中对应于圈 C 的连通分支用 A'' 来替换，我们得到了一个比偶因子 H 更大的偶因子. 这与偶因子 H 的选择(ⅰ)是矛盾的. 引理 2.6 得证.

我们将 2-因子 F 中的奇圈分为 U_1 和 U_2 两类：

$U_1=\{C:C$ 是 F 中的一个奇圈，$|C|\equiv 1(\mathrm{mod}4)\}$；

$U_2=\{C:C$ 是 F 中的一个奇圈，$|C|\equiv 3(\mathrm{mod}4)\}$.

由匹配 B 的最大性可知，U_1 中的每一个成员都含有偶数条蓝边，U_2 中的每一个成员都含有奇数条蓝边. 令

$B_1=\{e:e\in B$ 并且边 e 在 $R\cup B$ 中的一个四圈里$\}$；

$B_2=B-B_1$.

引理 2.7 令 C 是 2-因子 F 中的一个奇圈. 如果奇圈 $C\in U_1$，则 $|C\cap B_2|\geqslant 2$；如果奇圈 $C\in U_2$，则 $|C\cap B_2|\geqslant 1$.

证明：假设 D 是图 G' 中由顶点子集 $V(C)$ 诱导出的子图，Q 是 $R\cup B$ 中的任意一个四圈. 由引理 2.5 可知，要么 $|Q\cap C|=0$，要么 $|Q\cap C|=2$. 如果 $|Q\cap C|=2$，则 $V(Q)\subseteq V(C)$. 因此 $V(Q)$ 中的这四个 B-饱和顶点在诱导子图 D 中的度数至少为 3.

此时，如果奇圈 $C\in U_1$，则 $|C\cap B|$ 是一个偶数. 因为

$|C\cap B_1|$是一个偶数,所以$|C\cap B_2|$是一个偶数. 由引理 2.6 可知,$|C\cap B_2|\geqslant 2$. 如果奇圈 $C\in U_2$,则$|C\cap B|$是一个奇数. 又因为 $|C\cap B_1|$ 是一个偶数, 所以 $|C\cap B_2|$ 是一个奇数. 因此 $|C\cap B_2|\geqslant 1$.

如果$|Q\cap C|=0$,则很容易就可以得到我们所需要的结论. 引理 2.7 得证.

假设 k 是 2-因子 F 中奇圈的数目,$k_1=|U_1|$, $k_2=|U_2|$, t 是$R\cup B$ 中圈的数目. 由假设可知,$k=k_1+k_2$. 接下来,我们通过比较 k_1 和 k_2 的大小关系来计算 $R\cup B$ 中圈的数目.

情形 1:$k_1\geqslant k_2$.

在此情形下,由引理 2.7 可知,$|B_2|\geqslant 2k_1+k_2$. 由引理 2.3 可知,$R\cup B$ 中每一个圈要么含有 B_1 中的两条边,要么含有 B_2 中的至少三条边. 又由引理 2.4 可知,$R\cup B$ 中所有的圈都是两两点不交的. 因此

$$t\leqslant\frac{|B_1|}{2}+\frac{|B_2|}{3}=\frac{|B|}{2}-\frac{|B_2|}{6}\leqslant\frac{|B|}{2}-\frac{2k_1+k_2}{6}.\tag{2.1}$$

因为 B 是 2-因子 F 中的一个最大匹配,所以$|B|=\frac{n-k}{2}$($n=|V(G')|=|E(F)|=|E(H)|$). 又因为 $k=k_1+k_2$,所以

$$t\leqslant\frac{n}{4}-\frac{1}{12}(5k+2k_1).$$

因为 $k_1\geqslant k_2$,所以 $k_1\geqslant\frac{k}{2}$. 因此 $t\leqslant\frac{n}{4}-\frac{k}{2}$.

情形 2:$k_1\leqslant k_2$.

在此情形下,假设 $Z=\{Z_1,Z_2,\cdots,Z_t\}$是由 $R\cup B$ 中的所有圈组成的一个集合. 由引理 2.5 可知,对于每一个正整数 $i(1\leqslant i\leqslant t)$,在 2-因子 F 中都含有一个圈,使得 Z_i 含有此圈中的一对蓝边. 令 P_i 是由这对蓝边组成的一个集合. 假设 C 是 U_2 中的任意一个成

员. 因为$|C\cap B|$是一个奇数,所以在$C\cap B$中至少含有一条边不在$\bigcup_{i=1}^{t}P_i$中. 因此

$$2t\leqslant|\bigcup_{i=1}^{t}P_i|\leqslant|B|-k_2=\frac{1}{2}(n-k)-k_2. \qquad (2.2)$$

因为$k_1\leqslant k_2$,所以$k_2\geqslant\frac{k}{2}$. 将$k_2\geqslant\frac{k}{2}$代入式(2.2),我们可以得到$2t\leqslant\frac{n}{2}-k$. 因此$t\leqslant\frac{n}{4}-\frac{k}{2}$.

因为在每一种情形下,我们都可以得到$t\leqslant\frac{n}{4}-\frac{k}{2}$,所以

$$|R\cup B|\leqslant|V(G')|-1+t=n-1+t\leqslant\frac{5}{4}n-1-\frac{k}{2}.$$

又因为$|R\cup B|=|R|+|B|$和$|B|=\frac{n-k}{2}$,所以

$$|R|\leqslant(\frac{5}{4}n-1-\frac{k}{2})-\frac{1}{2}(n-k)=\frac{3}{4}n-1.$$

因此

$$|E(G)|=|R|+|E(F)|\leqslant\frac{7}{4}n-1.$$

将$n=|E(H)|$代入上式,我们可以得到$|E(H)|\geqslant\frac{4}{7}(|E(G)|+1)$. 定理得证.

2.2.2 极图

在这一节,我们给出当$|E(H)|$恰好是$\frac{4}{7}(|E(G)|+1)$时的所有的极图.

对于每一个正整数$m\geqslant1$,作T_m:

作m个点不交的K_4的拷贝,增加$m-1$条边,使得增加的这$m-1$条边满足:将每一个K_4的拷贝收缩为一个单独的顶点之

后，得到的图是一棵含有 $m-1$ 条边的树.

显然图类 Favaron-Kouider 图（图 1－2）就是 T_m 的一个特类. 因为对于图类 Favaron-Kouider 图（图 1－2）中的每一个图 G，将图 G 中的每一个 K_4 的拷贝收缩为一个单独的顶点之后，最终得到的图是一条含有 $m-1$ 条边的路. 而路是树的一种特殊情形.

接下来我们证明当 $|E(H)|$ 恰好是 $\frac{4}{7}(|E(G)|+1)$ 时，所有的极图就是 $\{T_m:m\geqslant 1\}$.

证明：如果 $|E(H)|$ 恰好是 $\frac{4}{7}(|E(G)|+1)$，则 2.2.1 节中所有的不等式都将变成等式. 特别的，我们可以得到

$$k_1=k_2, t=\frac{n}{4}-\frac{k}{2}, |R|=\frac{3}{4}n-1. \tag{2.3}$$

其中，H,k_1,k_2,k,R 的定义与 2.2.1 节中的定义一样. 接下来我们证明图 $G=T_t$. 令

$U_1=\{C:C$ 是 2-因子 F 中的一个奇圈，$|C|\equiv 1(\mathrm{mod}4)\}$；

$U_2=\{C:C$ 是 2-因子 F 中的一个奇圈，$|C|\equiv 3(\mathrm{mod}4)\}$.

$Z=\{Z_1,Z_2,\cdots,Z_t\}$ 是由 $R\cup B$ 中的所有圈组成的一个集合.

其中 F 和 B 的定义也与 2.2.1 节中的定义一样.

因为 $k_1=k_2$，并且在式(2.1)和式(2.2)中等号成立，所以下面的三个结论是成立的：

(ⅰ)如果边 $e\in B$，则存在一个正整数 $i(1\leqslant i\leqslant t)$，使得 $e\in Z_i$；

(ⅱ)对于每一个正整数 $i(1\leqslant i\leqslant t)$，$Z_i$ 的长度要么是 4，要么是 6；

(ⅲ)如果圈 $C\in U_1$ 是 U_1 中的一个成员，则在 U_2 和 Z 中都可以找到一个唯一的圈 $C'\in U_2$ 和圈 $Z_s\in Z$，使得圈 Z_s 含有圈 C 中的两条蓝边和圈 C' 中的一条蓝边.

现在我们证明在 2-因子 F 中不含有奇圈(即证明 $k=0$). 如果 $k>0$, 则假设 $C\in U_1, C'\in U_2$, $Z_s\in Z$ 是满足条件(ⅱ)和条件(ⅲ)的圈. 假定 $Z_s\cap C=\{e_1,e_2\}$和 $Z_s\cap C'=\{e_3\}$. 我们用 r_1, r_2, r_3 表示 Z_s 中的三条红边. 不失一般性, 不妨假设 $Z_s=e_1r_1e_2r_2e_3r_3$,其中边 r_1 的两个端点在 $V(C)$中. 假设顶点 a 是边 e_1 和边 r_3 的公共端点,顶点 a'是边 e_2 和边 r_2 的公共端点,则 $a, a'\in V(C)$.

假设 D 是图 G'中由 $V(C)$诱导出的子图. 因为边 r_1 的两个端点在诱导子图 D 中的度数至少是 3,所以由最大匹配 B 的选择可知,$V(C)$中唯一的那个 B-不饱和顶点在诱导子图 D 中的度数至少是 3. 假设边 e 是 $D-E(C)$中连接这个 B-不饱和顶点和 $V(C)$中某个顶点的一条边. 令

$$C^+=C\cup\{e\}\cup\{Z_i:V(Z_i)\subseteq V(C), 1\leqslant i\leqslant t\}\cup\{aa'\},$$

其中,aa'是一条连接顶点 a 和顶点 a'的新边. 由图 C^+ 的定义可知,$\delta(C^+)\geqslant 3$. 因此 $|E(C^+)|>\frac{3}{2}|V(C^+)|=\frac{3}{2}|C|$. 由定理 1.8 可知,在图 C^+ 中含有一个偶因子 A,使得 $|E(A)|>|C|$.

如果 $aa'\notin E(A)$,则偶因子 A 是图 G'中的一个偶子图. 此时用 A 代替 C,对应的在图 G 中我们得到了一个比偶因子 H 更大的偶因子. 这与偶因子 H 的选择(ⅰ)是矛盾的,因此 $aa'\in E(A)$.

假设 A'是在偶因子 A 的基础上通过用路 $\{r_2, r_3\}\cup(C'-e_3)$ 代替边 aa'之后所得到的偶子图. 则

$$|E(A')|>|V(C)|+|V(C')|,$$

用 A'代替 $C\cup C'$,对应的在图 G 中我们得到了一个比偶因子 H 更大的偶因子. 这与偶因子 H 的选择(ⅰ)矛盾,因此 $k=0$.

此时,$t=\frac{n}{4}$(即对于每一个正整数 $i(1\leqslant i\leqslant t)$,圈 $Z_i\in Z$ 的长度是 4),并且 $U_1=U_2=\varnothing$. 由 U_1 和 U_2 的定义可知,2-因子 F

中的每一个圈都是偶圈. 假设 $X=\{X_1, X_2, \cdots, X_m\}$是由 2-因子 F 中的所有圈组成的一个集合. 由引理 2.5 可知,对于每一个正整数 $i(1\leqslant i\leqslant t)$和正整数 $j(1\leqslant j\leqslant m)$, 要么 $Z_i\cap X_j=\varnothing$,要么 $V(Z_i)\subseteq V(X_j)$. 令

$$X_j^+ = X_j \cup \{Z_i : V(Z_i) \subseteq V(X_j), 1\leqslant i\leqslant t\}, 1\leqslant j\leqslant m.$$

由结论(ⅰ)可知,最大匹配 B 中的每一条边都落在 Z 中的某一个成员里面. 因此对于每一个正整数 $j(1\leqslant j\leqslant m)$,图 X_j^+ 是一个三正则图.

对于每一个正整数 $j(1\leqslant j\leqslant m)$,假设 D_j 是图G'中由顶点子集 $V(X_j)$诱导出的子图. 如果对于某一个正整数 s, $D_s\neq X_s^+$,则 D_s 是一个 2-边连通的图,并且 $\delta(D_s)\geqslant 3$. 因此 $|E(D_s)|>\frac{3}{2}|V(D_s)|=\frac{3}{2}|E(X_s)|$. 与前面的处理方法类似,用 D_s 中的一个偶因子来代替 X_s,对应的,在图 G 中我们得到了一个比偶因子 H 更大的偶因子. 这与偶因子 H 的选择(ⅰ)矛盾. 因此对于每一个正整数 $j(1\leqslant j\leqslant m)$, $D_j=X_j^+$,并且 $R\cap E(D_j)=X_j^+-X_j$. 此时

$$\sum_{j=1}^{m} |R\cap E(D_j)| = \sum_{j=1}^{m} |X_j^+ - X_j| = |Z-B| = |B| = \frac{n}{2},$$

假设 T^* 是在图 G'的基础上通过将每一个诱导子图 D_j 收缩为一个单独的顶点 x_j 之后所得到的图,则

$$|R| = |E(T^*)| + \sum_{j=1}^{m} |R \cap E(D_j)| = |E(T^*)| + \frac{n}{2}. \tag{2.4}$$

现在我们来证明 T^* 是一棵树. 首先,我们证明在 T^* 中不含有圈:如果在 T^* 中含有一个圈 C',则不失一般性,不妨假设圈 C' 含有顶点 $x_1, x_2, \cdots, x_l$. 假设 D 是图G'中由顶点子集$\bigcup\limits_{i=1}^{l}V(D_i)$诱导出的子图,则 D 是一个 2-边连通的图,并且 $\delta(D)\geqslant 3$ 和

$|E(D)|>\frac{3}{2}|V(D)|$. 与前面的证明方法类似,用诱导子图 D 中的一个偶因子代替 $\bigcup_{i=1}^{l}X_i$. 对应的,在图 G 中我们得到了一个比偶因子 H 更大的偶因子. 这与偶因子 H 的选择(ⅰ)矛盾. 因此在 T^* 中不含有圈.

很明显 $|E(T^*)|\leqslant m-1$. 将此不等式代入(2.4),可得 $|R|\leqslant m-1+\frac{n}{2}$. 因为 m 是 2-因子 F 中圈的数目,所以 $m\leqslant\frac{n}{4}$. 因此 $|R|\leqslant\frac{3}{4}n-1$. 由式(2.3)的最后一个等式可知,以上的所有等式都必须成立. 特别的, $|E(T^*)|=m-1$ 和 $m=\frac{n}{4}=t$ 这两个等式成立. 因为在 T^* 中不含有圈,并且 $|E(T^*)|=m-1$, 所以 T^* 是一棵树.

因为 $m=\frac{n}{4}=t$,所以对于每一个正整数 $i(1\leqslant i\leqslant m=t)$, X_i 是一个长度为 4 的圈, D_i 是 K_4 的一个拷贝. 因此图 $G=G'=T_t$.

反过来,如果图 $G=T_p(p\geqslant 1)$,则在图 G 的 2-因子 F 中恰好含有 p 个点不交的四圈. 因此 $|E(F)|=4p=\frac{4}{7}(|E(G)|+1)$. 定理得证.

2.3 等价命题

在"图 G 含有偶因子"的条件下,我们已经得到最大偶因子的下确界. 然而在超欧拉图的连通偶因子的下确界方面,最大连通偶因子的下确界还没有被找到.

在此方面，著名的数学家 Catlin（参看文献[8]）猜想如果图 G 是一个超欧拉图，则图 G 中含有一个连通的偶因子 F，使得 $|E(F)|\geqslant\frac{2}{3}|E(G)|$. 图论学家 Li，Li 和 Mao[8] 构造了一类超欧拉图 ϑ，使得图类 ϑ 中的每一个图 G 满足：如果 F 是图 G 中最大的连通偶因子，则 $|E(F)|=\frac{3}{5}|E(G)|+\frac{4}{5}$. 因此他们说 Catlin 的猜想（猜想 1.5）是错误的. 他们猜测 $\frac{3}{5}$ 就是所需要的系数. 在本书，我们将他们的猜测称为 $\frac{3}{5}$-猜想，内容如下：

猜想 1.6（$\frac{3}{5}$-猜想，Li，Li 和 Mao[8]）　如果图 G 是一个超欧拉图，则图 G 中含有一个连通的偶因子 F，使得 $|E(F)|\geqslant\frac{3}{5}|E(G)|+\frac{4}{5}$.

与此同时，我们给出猜想 1.6 的三个等价猜想.

猜想 2.8　如果图 G 是一个超欧拉图，并且 $\delta(G)\geqslant3$，则图 G 中含有一个连通的偶因子 F，使得 $|E(F)|\geqslant\frac{3}{5}|E(G)|+\frac{4}{5}$.

猜想 2.9　如果图 G 是一个超欧拉图，并且图 G 中最大的连通偶因子 F 是一个哈密尔顿圈，则 $|E(F)|=|V(G)|\geqslant\frac{3}{5}|E(G)|+\frac{4}{5}$.

猜想 2.10　如果图 G 是一个超欧拉图，并且图 G 满足：

（1）$\delta(G)\geqslant3$，

（2）图 G 中最大的连通偶因子 F 是一个哈密尔顿圈，

则 $|E(F)|=|V(G)|\geqslant\frac{3}{5}|E(G)|+\frac{4}{5}$.

在证明这四个猜想的等价性之前，我们先来介绍一个新的操作.

Splice 操作：令图 G_1 和图 G_2 是两个 2-边连通的图，u 是图 G_1 的一个 2 度顶点，$e=xy$ 是图 G_2 的一条边. 假设 $N_{G_1}(u)=\{u_1,u_2\}$. 作 $G=(G_1-u)\cup\{xu_1,yu_2\}\cup(G_2-e)$，我们将此操作称为顶点 u 和图 G_2 的 Splice 操作.

等价性的证明：首先我们证明猜想 1.6 与猜想 2.8 等价. 很明显，如果猜想 1.6 成立，则猜想 2.8 成立. 反过来，如果猜想 2.8 成立，则我们来证明猜想 1.6 也成立.

假设图 G 是一个满足猜想 1.6 的图. 如果 $\delta(G)\leqslant 3$，则对于图 G 中的每一个 2 度顶点 v，作顶点 v 和图 K_4 的 Splice 操作. 我们将得到的新图记作 G_1. 显然 $\delta(G_1)=3$. 因为图 K_4 中的任意一对顶点都是一条哈密尔顿路的端点，所以如果图 G 中含有连通的偶因子，则图 G_1 中也含有连通的偶因子. 由此可以推出，图 G_1 满足猜想 2.8 的所有条件. 因为猜想 2.8 成立，所以图 G_1 中含有一个连通的偶因子 F_1，使得 $|E(F_1)|\geqslant\frac{3}{5}|E(G_1)|+\frac{4}{5}$. 将偶因子 F_1 限制在图 G 上，我们可以得到图 G 中的一个连通的偶因子 F. 经过计算可知 $|E(F)|\geqslant\frac{3}{5}|E(G)|+\frac{4}{5}$.

如果 $\delta(G)\geqslant 4$，则图 G 满足猜想 2.8 的所有条件. 因为猜想 2.8 成立，所以 $|E(F)|\geqslant\frac{3}{5}|E(G)|+\frac{4}{5}$，因此猜想 1.6 成立. 猜想 1.6 与猜想 2.8 的等价性得证.

接下来我们证明猜想 1.6 与猜想 2.9 等价. 很明显，如果猜想 1.6 成立，则猜想 2.9 成立. 反过来，如果猜想 2.9 成立，则我们来证明猜想 1.6 也成立.

假设图 G 是一个满足猜想 1.6 的图，F 是图 G 中的一个最大的连通偶因子，W 是偶因子 F 的欧拉迹. 如果 F 是一个哈密尔顿

圈,则由猜想 2.9 可知,$|E(F)|=|V(G)|\geqslant\frac{3}{5}|E(G)|+\frac{4}{5}$. 如果 F 不是一个哈密尔顿圈,则存在一个顶点 v,使得 $d_F(v)\geqslant 4$. 对于每一个这样的顶点 v,在图 G 中将顶点 v 分裂为$\frac{d_F(v)}{2}$个顶点,使得其中的$\frac{d_F(v)}{2}-1$ 个顶点是 2 度顶点,并且每一个这样的 2 度顶点都与欧拉迹 W 中的两条连续的边相关联. 假设 F_1,G_1 分别是由 F,G 经过点分裂操作之后所得到的图,则 F_1 是图 G_1 中的一个哈密尔顿圈,并且 $|E(F_1)|=|E(F)|$, $|E(G_1)|=|E(G)|$. 因为偶因子 F 是图 G 中的一个最大的连通偶因子,所以 F_1 是图 G_1 中的一个最大的连通偶因子. 又因为猜想 2.9 成立,所以 $|E(F_1)|=|V(G_1)|\geqslant\frac{3}{5}|E(G_1)|+\frac{4}{5}$. 由此可以推出 $|E(F)|\geqslant\frac{3}{5}|E(G)|+\frac{4}{5}$. 因此猜想 1.6 成立. 猜想 1.6 与猜想 2.9 的等价性得证.

最后我们证明猜想 2.9 与猜想 2.10 等价. 很明显,如果猜想 2.9 成立,则猜想 2.10 成立. 反过来,如果猜想 2.10 成立,则我们来证明猜想 2.9 也成立.

假设图 G 是一个满足猜想 2.9 的图,F 是图 G 中的一个最大的连通偶因子. 因为 F 是一个哈密尔顿圈,所以我们断定 $\delta(G)\leqslant 3$. 因为如果 $\delta(G)\geqslant 4$,则子图 $G-F$ 中含有一个圈,与偶因子 F 是一个最大的连通偶因子矛盾. 如果图 G 中含有 2 度顶点,则对于图 G 中的每一个 2 度顶点 v,作顶点 v 和图 K_4 的 Splice 操作. 我们将得到的新图记作 G_1. 显然$\delta(G_1)=3$. 因为图 K_4 中的任意一对顶点都是一条哈密尔顿路的端点,所以如果图 G 中含有连通的偶因子,则图 G_1 中也含有连通的偶因子. 由此可以推出,图 G_1 满足猜想 2.10 的所有条件. 又因为猜想 2.10 成立,所以图 G_1 中含

有一个连通的偶因子 F_1，使得 $|E(F_1)| \geqslant \frac{3}{5}|E(G_1)| + \frac{4}{5}$. 将偶因子 F_1 限制在图 G 上，我们可以得到图 G 中的一个连通的偶因子 F. 经过计算可知 $|E(F)| \geqslant \frac{3}{5}|E(G)| + \frac{4}{5}$. 因此猜想 2.9 成立. 猜想 2.9 与猜想 2.10 的等价性得证.

证明结束.

第 3 章　次哈密尔顿图的 Fulkerson 覆盖

3.1　准备条件

假设 G 是一个无向图(可以有环或者有平行边),S 是图 G 的一个顶点子集,H 是图 G 的一个子图. 如果在顶点子集 S 中,任意两个顶点都是不邻接的,则称顶点子集 S 是图 G 的一个独立集. 如果子图 H 满足下面的条件(1)或者条件(2):

(1)子图 H 中含有一个割点,

(2)子图 H 中含有一个环 L,并且 $H \neq L$,

则称子图 H 是一个可分的图. 如果子图 H 是一个极大的不可分的图,则称子图 H 是图 G 的一个块.

我们将图 G 画在一个平面上或者球面上. 如果不管以何种方式画出,图 G 中总是含有两条不同的边在非顶点处相交,则称图 G 是一个非平面图,相交的地方是一个交叉点. 显然图 G 的所有画出方式中,有一种画出方式,使得图 G 中交叉点的数目最少. 我们将此数目称为图 G 的交叉数.

假设五元数组(G_1,a_1,b_1,c_1,d_1)和五元数组(G_2,a_2,b_2,c_2,d_2)是两个 Flip-Flops. 在文献[13]中,图论学家 Chvátal 提出了两种关于 Flip-Flops 的运算,即$\otimes$和$\odot$. 图 3-1 表示了这两种运算.

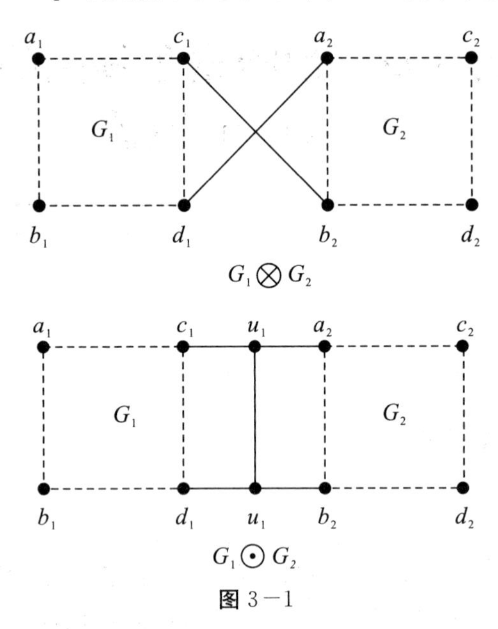

图 3-1

现在我们介绍三个引理,它们在本书的证明过程中非常重要.

引理 3.1(**Jaeger**[47]) 令 G 是一个 2-边连通的图. 如果图 G 的交叉数至多是 1,则图 G 含有处处不为零的 4-流.

引理 3.2(**Seymour**[48]) 令 G 是一个 2-边连通的图. 如果图 G 含有处处不为零的 4-流,则图 G 可以被三个偶子图覆盖,使得图 G 中的每一条边被其中的两个偶子图覆盖. 反之,如果图 G 可以被三个偶子图覆盖,使得图 G 中的每一条边被其中的两个偶子图覆盖,则图 G 含有处处不为零的 4-流.

引理 3.3(**Jaeger**[4]) 令 G 是一个 2-边连通的图. 如果图 G 中含有一个哈密尔顿圈,则图 G 含有处处不为零的 4-流.

3.2　主要的结论

3.2.1　定理 1.50 的证明

定理 1.50　如果图 G 是一个 2-边连通的图，则图 G 含有 Fulkerson 覆盖的充要条件是图 G 中含有两个不相交的边集 E_1 和 E_2，使得 $E_1 \cup E_2$ 是一个偶子图，并且对于每一个正整数 $i=1,2$，子图 $G-E_i$ 含有处处不为零的 4-流.

证明：首先我们证明如果图 G 中含有两个不相交的边集 E_1 和 E_2，使得 $E_1 \cup E_2$ 是一个偶子图，并且对于每一个正整数 $i=1,2$，子图 $G-E_i$ 含有处处不为零的 4-流，则图 G 含有一个 Fulkerson 覆盖.

由引理 3.2 可知，子图 $G-E_1$ 可以被三个偶子图 A_1，A_2 和 A_3 覆盖，使得子图 $G-E_1$ 中的每一条边被其中的两个偶子图覆盖；子图 $G-E_2$ 可以被三个偶子图 B_1，B_2 和 B_3 覆盖，使得子图 $G-E_2$ 中的每一条边被其中的两个偶子图覆盖. 因此 $\{A_1, A_2, A_3, B_1, B_2, B_3\}$ 将子图 $G-(E_1 \cup E_2)$ 中的每一条边覆盖四次，将 $E_1 \cup E_2$ 中的每一条边覆盖两次. 又因为 $C=E_1 \cup E_2$ 是一个偶子图，所以 $\{A_i \oplus C; B_i \oplus C: i=1,2,3\}$ 将图 G 中的每一条边覆盖四次. 因此图 G 含有一个 Fulkerson 覆盖.

现在我们证明如果图 G 含有一个 Fulkerson 覆盖，则图 G 中含有两个不相交的边集 E_1 和 E_2，使得 $E_1 \cup E_2$ 是一个偶子图，并且对于每一个正整数 $i=1,2$，子图 $G-E_i$ 含有处处不为零的 4-流.

假设$\{A_1,A_2,A_3,B_1,B_2,B_3\}$是图 G 的一个 Fulkerson 覆盖(其中每一个成员都是一个偶子图). 令

$$E_a^1=\bigcup_{i=1}^3\{e\in E(G):e\in A_i,e\notin A_j,j\neq i,1\leqslant j\leqslant 3\};$$

$$E_a^3=\{e\in E(G):e\in A_1\cap A_2\cap A_3\}.$$

类似的,令

$$E_b^1=\bigcup_{i=1}^3\{e\in E(G):e\in B_i,e\notin B_j,j\neq i,1\leqslant j\leqslant 3\};$$

$$E_b^3=\{e\in E(G):e\in B_1\cap B_2\cap B_3\}.$$

令

$$F_a=E_a^1\cup E_a^3=A_1\oplus A_2\oplus A_3,F_b=E_b^1\cup E_b^3=B_1\oplus B_2\oplus B_3.$$

因为 A_1,A_2,A_3,B_1,B_2,B_3 都是偶子图,所以 F_a 和 F_b 也是偶子图. 因此$\{F_a\oplus B_1,F_a\oplus B_2,F_a\oplus B_3\}$是子图 $G-E_a^1$ 中的三个偶子图. 显然此三个偶子图将子图 $G-E_a^1$ 中的每一条边覆盖两次. 类似的,$\{F_b\oplus A_1,F_b\oplus A_2,F_b\oplus A_3\}$是子图 $G-E_b^1$ 中的三个偶子图,并且此三个偶子图将子图 $G-E_b^1$ 中的每一条边覆盖两次. 由引理 3.2 可知,子图 $G-E_a^1$ 和子图 $G-E_b^1$ 都含有处处不为零的 4-流. 又因为 $E_a^1\cup E_b^1=E_a^1\cup E_a^3=F_a$ 是一个偶子图,所以 E_a^1 和 E_b^1 就是我们所需要的边集,证明完成.

运用定理 1.50,我们证明 Fulkerson 猜想在某些特殊的图类上成立.

3.2.2 Thomassen 构造的一类图含有 Fulkerson 覆盖

在文献[49]中,图论学家 Thomassen 发明了一种运算,并且在此运算的基础上构造了一类次哈密尔顿图.

Thomassen 发明的运算:令 X 是一个含有 3 度顶点 x 的图,Y 是一个含有 3 度顶点 y 的图. 假设 x_1,x_2,x_3 是顶点 x 在图 X 中的 3 个邻点,y_1,y_2,y_3 是顶点 y 在图 Y 中的 3 个邻点. 作两个不相交的图 $X-x$ 和 $Y-y$,对于每一个正整数 $i=1,2,3$,将顶点

x_i 和顶点 y_i 黏为一个顶点 z_i.

在本书，我们将此运算记为"(x,y)"，经过此运算之后所得到的图记为"$X(x,y)Y$". 同样的，在文献[49]中，图论学家 Thomassen 得到了下面的定理.

定理 3.4（Thomassen[49]）　令 X 是一个含有 3 度顶点 x 的图，Y 是一个含有 3 度顶点 y 的图. 如果图 X 和图 Y 都是次哈密尔顿图，则图 $X(x,y)Y$ 也是一个次哈密尔顿图.

看到定理 3.4 之后，我们考虑了一个类似的问题：如果图 X 和图 Y 都含有 Fulkerson 覆盖，则图 $X(x,y)Y$ 是否也含有 Fulkerson 覆盖？下面的定理说明这个问题的答案是肯定的.

定理 3.5　令 X 是一个含有 3 度顶点 x_0 的图，Y 是一个含有 3 度顶点 y_0 的图. 如果图 X 和图 Y 都含有 Fulkerson 覆盖，则图 $X(x_0,y_0)Y$ 也含有 Fulkerson 覆盖.

证明：因为图 X 和图 Y 都含有 Fulkerson 覆盖，所以假设 $A=\{A_i:1\leqslant i\leqslant 6\}$是图 X 的一个 Fulkerson 覆盖（其中每一个 A_i 都是一个偶子图）；$B=\{B_i:1\leqslant i\leqslant 6\}$是图 Y 的一个 Fulkerson 覆盖（其中每一个 B_i 都是一个偶子图）. 假设$\{x_1,x_2,x_3\}$是顶点 x_0 的邻点集，$\{y_1,y_2,y_3\}$是顶点 y_0 的邻点集. 此时，对于每一对边 x_0x_i，x_0x_j，在 A 中恰好含有两个成员包含边 x_0x_i，x_0x_j. 不失一般性，不妨假设 A_1，A_2 包含边 x_0x_1，x_0x_2；A_3，A_4 包含边 x_0x_2，x_0x_3；A_5，A_6 包含边 x_0x_3，x_0x_1. 类似的，假设 B_1，B_2 包含边 y_0y_1，y_0y_2；B_3，B_4 包含边 y_0y_2，y_0y_3；B_5，B_6 包含边 y_0y_3，y_0y_1. 显然$\{(A_i-x_0)\cup(B_i-y_0):1\leqslant i\leqslant 6\}$将图 $X(x_0,y_0)Y$ 中的每一条边覆盖四次. 又因为对于每一个正整数 $i(1\leqslant i\leqslant 6)$，$A_i$ 和 B_i 都是偶子图，所以$(A_i-x_0)\cup(B_i-y_0)$也是一个偶子图. 因此$\{(A_i-x_0)\cup(B_i-y_0):1\leqslant i\leqslant 6\}$就是图 $X(x_0,y_0)Y$ 的一个 Fulkerson 覆盖. 定理得证.

由定理 3.4 可知，如果图 X 和图 Y 都是次哈密尔顿图，则图

$X(x,y)Y$ 也是一个次哈密尔顿图. 而由定理 3.5 可知,如果图 X 和图 Y 都含有 Fulkerson 覆盖,则图 $X(x,y)Y$ 也含有一个 Fulkerson 覆盖. 因此,我们得到了一类含有 Fulkerson 覆盖的次哈密尔顿图.

3.2.3 Doyen 和 Diest 构造的一类图含有 Fulkerson 覆盖

在文献[50]中,图论学家 Doyen 和 Diest 构造了两类图 $G_t(m)$和 $G_t(m,n)$,其中 m,n,t 分别是大于等于 2 的整数. 这两类图可以按照下面的方式构造:令圈 $C=a_1a_2\cdots a_{tm-1}a_{tm}a_1$ 是一个长度为 tm 的圈,$U=\{u_1,u_2,\cdots,u_t\}$是一个含有 t 个顶点的独立集. 对于每一个正整数 $i(1\leqslant i\leqslant t)$,连接顶点 u_i 和每一个 a_{i+jt}, $0\leqslant j\leqslant m-1$,将此时得到的图记为 $H_t(m)$.

假设 $H_t(n)$是一个与 $H_t(m)$点不交的图,$U'=\{u'_1,u'_2,\cdots,u'_t\}$是图 $H_t(n)$的一个独立集. 在图 $H_t(m)$中增加一个新的顶点 b,连接顶点 b 与独立集 U 中的每一个顶点,此时得到的图即为 $G_t(m)$. 在图 $H_t(m)\cup H_t(n)$中,对于每一个正整数 $i(1\leqslant i\leqslant t)$,将顶点 u_i 和顶点 u'_i 黏为一个新的顶点 z_i,此时得到的图即为 $G_t(m,n)$.

同样的,在文献[50]中,图论学家 Doyen 和 Diest 证明了下面的定理.

定理 3.6(Doyen 和 Diest[50]) 如果整数 m,n 满足 $m\geqslant 2,n\geqslant 2$,则图 $G_3(m)$(图 3-2),图 $G_3(m,n)$和图 $G_5(m,n)$(图 3-3)都是次哈密尔顿图.

现在我们来证明对于所有的正整数 $m\geqslant 2,n\geqslant 2$,图 $G_3(m)$,图 $G_3(m,n)$和图 $G_5(m,n)$都含有 Fulkerson 覆盖.

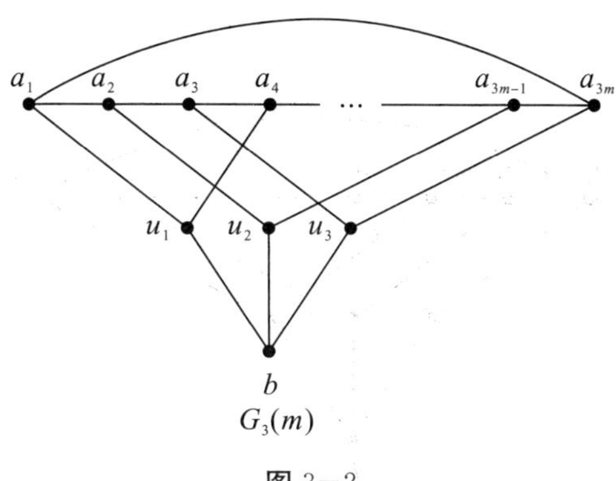
a_1
a_2
a_3
a_4
…
a_{3m-1}
a_{3m}
u_1
u_2
u_3
b
$G_3(m)$

图 3—2

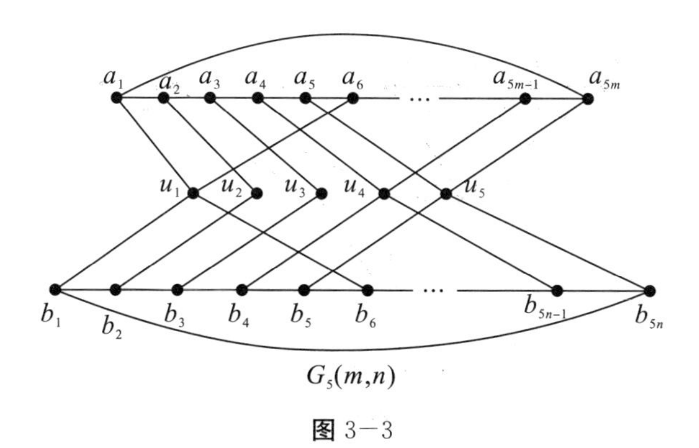
a_1
a_2
a_3
a_4
a_5
a_6
…
a_{5m-1}
a_{5m}
u_1
u_2
u_3
u_4
u_5
b_1
b_2
b_3
b_4
b_5
b_6
…
b_{5n-1}
b_{5n}
$G_5(m,n)$

图 3—3

如果 m 是一个偶数，则子图 $G_3(m)-M_i(i=1,2)$ 如图 3－4 所示.

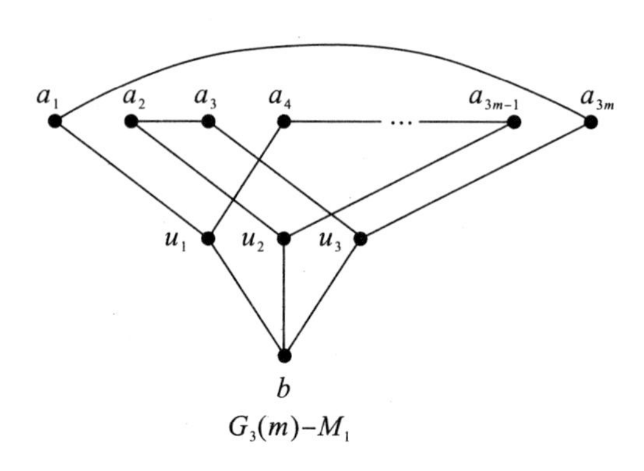

$G_3(m)-M_1$

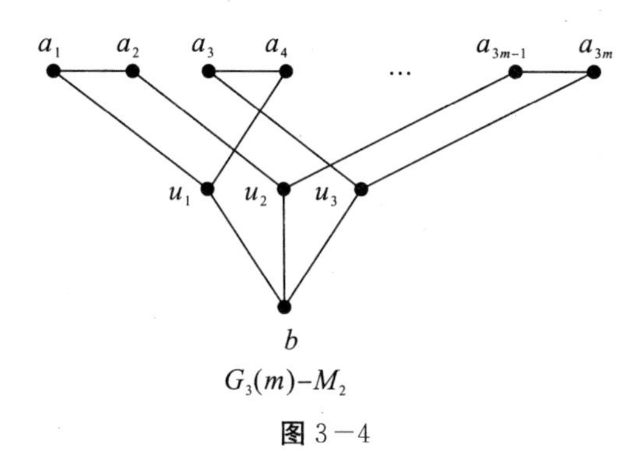

$G_3(m)-M_2$

图 3－4

如果 m 是一个奇数，则子图 $G_3(m)-M_i(i=1,2)$ 如图 3－5 所示.

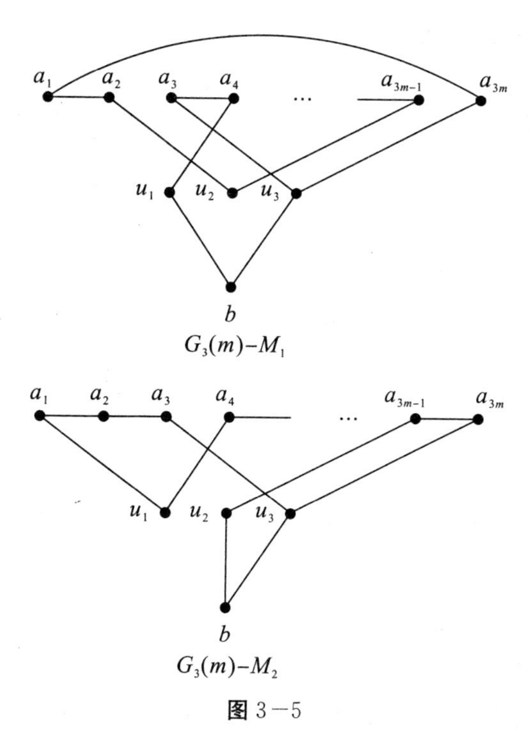

图 3－5

定理 3.7　如果整数 $m\geqslant 2$，则图 $G_3(m)$ 含有一个 Fulkerson 覆盖.

证明：假设圈 $C=a_1a_2\cdots a_{3m-1}a_{3m}a_1$ 是图 $G_3(m)$ 中的那个长度为 $3m$ 的圈，$U=\{u_1,u_2,u_3\}$ 是图 $G_3(m)$ 的独立集，顶点 b 是与独立集 U 中的每一个顶点都邻接的那个顶点. 我们通过对整数 m 的奇偶性进行分析来证明此定理.

如果整数 m 是一个偶数，则圈 C 是一个偶圈. 因此在圈 C 中含有两个不同的完美匹配 M_1 和 M_2. 由图 3－4 可知，对于每一个正整数 $i=1,2$，子图 $G_3(m)-M_i$ 满足下面的两个条件：

(1)子图 $G_3(m)$ 是一个 2-边连通的图，

(2)在子图 $G_3(m)-M_i$ 中,除了 u_1,u_2,u_3,b 这 4 个顶点外,其他的顶点都是 2 度顶点,

因此,在子图 $G_3(m)-M_i$ 中,将所有的 2 度顶点收缩,我们可以得到一个只含有 4 个顶点的 2-边连通的图 G'. 显然图 G' 含有处处不为零的 4-流 f'. 将图 G' 扩展为图 $G_3(m)-M_i$. 显然在此扩展过程中,4-流 f' 可以扩展为图 $G_3(m)-M_i$ 的一个处处不为零的 4-流 f. 由定理 1.50 可知,图 $G_3(m)$ 含有一个 Fulkerson 覆盖.

如果整数 m 是一个奇数,则圈 C 是一个奇圈. 显然 $(C-\{a_1a_2\})\cup\{a_1u_1,u_1b,bu_2,u_2a_2\}$ 是一个偶圈. 因此在圈 $(C-\{a_1a_2\})\cup\{a_1u_1,u_1b,bu_2,u_2a_2\}$ 中含有两个不同的完美匹配 M_1 和 M_2. 由图 3-5 可知,对于每一个正整数 $i=1,2$,子图 $G_3(m)-M_i$ 满足下面的两个条件:

(1)子图 $G_3(m)-M_i$ 是一个 2-边连通的图,

(2)在子图 $G_3(m)-M_i$ 中,除了 u_1,u_2,u_3 这 3 个顶点外,其他的顶点都是 2 度顶点,

因此,在子图 $G_3(m)-M_i$ 中,将所有的 2 度顶点收缩,我们可以得到一个只含有 3 个顶点的 2-边连通的图 G''. 显然图 G'' 含有处处不为零的 4-流 f''. 将图 G'' 扩展为图 $G_3(m)-M_i$. 显然在此扩展过程中,4-流 f'' 可以扩展为图 $G_3(m)-M_i$ 的一个处处不为零的 4-流 f. 由定理 1.50 可知,图 $G_3(m)$ 含有一个 Fulkerson 覆盖. 定理得证.

定理 3.8 如果整数 $m\geqslant 2,n\geqslant 2$,则图 $G_3(m,n)$ 含有一个 Fulkerson 覆盖.

证明:假设顶点 b 是图 $G_3(m)$ 中与独立集 $U=\{u_1,u_2,u_3\}$ 中的每一个顶点都邻接的那个顶点,顶点 b' 是图 $G_3(n)$ 中与独立集 $U'=\{u_1',u_2',u_3'\}$ 中的每一个顶点都邻接的那个顶点,则图 $G_3(m,n)=G_3(m)(b,b')G_3(n)$. 由定理 3.7 可知,图 $G_3(m)$ 和图 $G_3(n)$ 都含有 Fulkerson 覆盖. 又由定理 3.5 可知, 图 $G_3(m,n)=$

$G_3(m)(b,b')G_3(n)$含有一个 Fulkerson 覆盖. 定理得证.

如果 m 是一个奇数, n 是一个偶数, 则子图 $G_5(m,n)-E_i(i=1,2)$如图 3－6 所示.

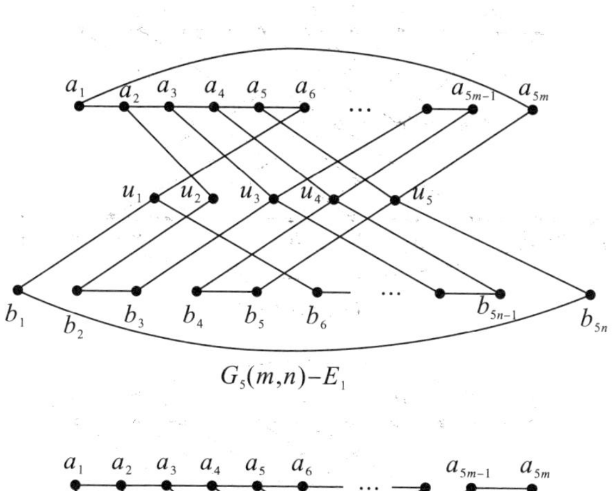

$G_5(m,n)-E_1$

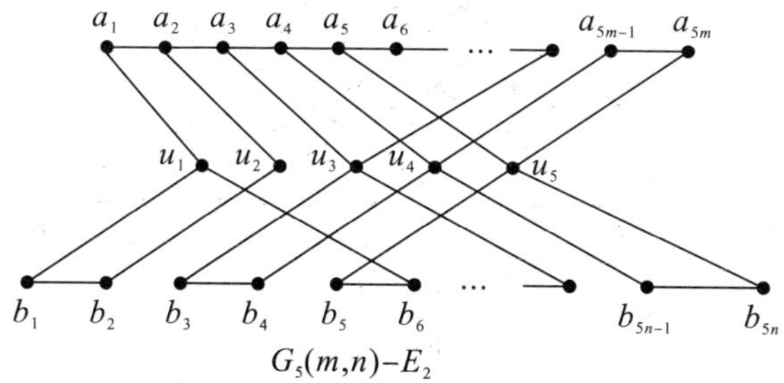

$G_5(m,n)-E_2$

图 3－6

如果 m 和 n 的奇偶性相同(m 和 n 都是偶数),则子图 $G_5(m,n)-M_i(i=1,2)$如图 3-7 所示.

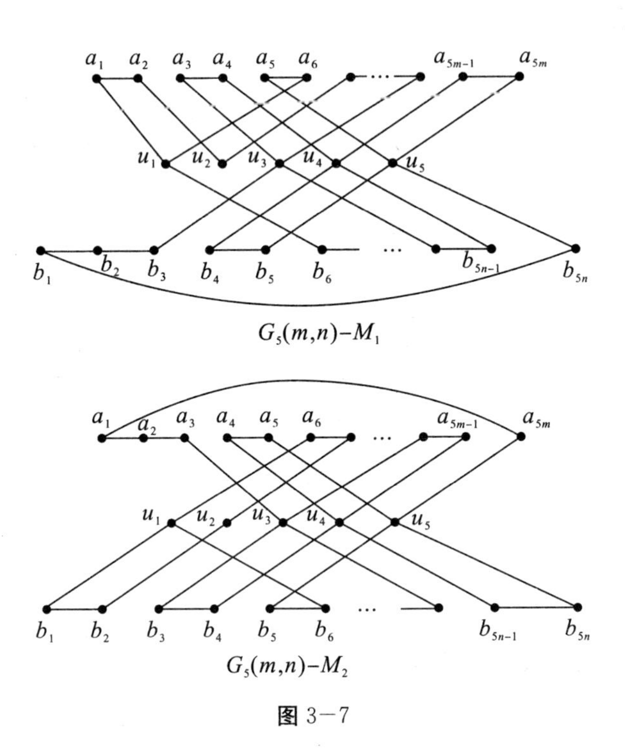

图 3-7

如果 m 和 n 的奇偶性相同(m 和 n 都是奇数),则子图 $G_5(m,n)-M_i(i=1,2)$ 如图 3－8 所示.

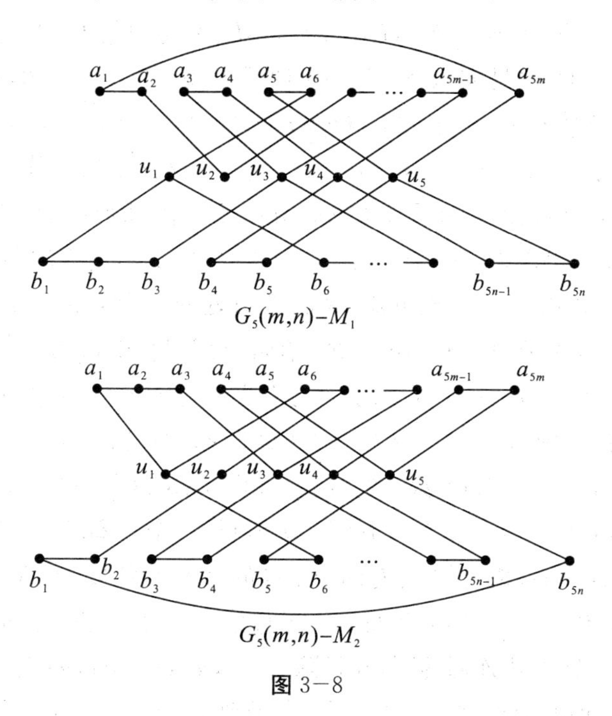

图 3－8

定理 3.9　如果整数 $m\geqslant 2,n\geqslant 2$,则图 $G_5(m,n)$ 含有一个 Fulkerson 覆盖.

证明:假设圈 $C=a_1a_2\cdots a_{5m-1}a_{5m}a_1$ 是图 $G_5(m,n)$ 中那个长度为 $5m$ 的圈,圈 $C'=b_1b_2\cdots b_{5n-1}b_{5n}b_1$ 是图 $G_5(m,n)$ 中那个长度为 $5n$ 的圈,$U=\{u_1,u_2,u_3,u_4,u_5\}$ 是图 $G_5(m,n)$ 中那个含有 5 个顶点的独立集. 我们通过对整数 m 和整数 n 的奇偶性进行分析来证明此定理.

如果整数 m 和整数 n 的奇偶性不同,不失一般性,不妨假设整数 m 是一个奇数,整数 n 是一个偶数,则 $C''=(C-\{a_1a_2,a_2a_3,a_3a_4,a_4a_5,a_5a_6\})\cup\{a_1u_1,u_1a_6\}$ 是一个偶圈. 因为圈 C'' 是

一个偶圈，所以圈 C'' 中含有两个不同的完美匹配 M_1 和 M_2. 又因为整数 n 是一个偶数，所以圈 C' 中含有两个不同的完美匹配 M'_1 和 M'_2. 令 $E_1=M_1\cup M'_1, E_2=M_2\cup M'_2$. 显然边集 E_1 和边集 E_2 是不相交的，并且 $E_1\cup E_2$ 是一个偶子图. 由图 3－6 可知，对于每一个正整数 $i-1,2$，了图 $G_5(m,n)-E_i$ 是一个 2-边连通的图，并且除了 $a_2,a_3,a_4,a_5,u_1,u_2,u_3,u_4,u_5$ 这 9 个顶点外，其他的顶点都是 2 度顶点. 在子图 $G_5(m,n)-E_i$ 中，将所有的 2 度顶点收缩，我们可以得到一个只含有 9 个顶点的 2-边连通的图 G'. 由文献[51]中的一个结论可知，图 G' 含有处处不为零的 4-流 f'. 将图 G' 扩展为子图 $G_5(m,n)-E_i$，在此扩展过程中，4-流 f' 可以扩展为子图 $G_5(m,n)-E_i$ 的一个处处不为零的 4-流 f. 由定理 1.50 可知，图 $G_5(m,n)$ 含有一个 Fulkerson 覆盖.

如果整数 m 和整数 n 的奇偶性相同，则圈 $C''=(C-a_1a_2)\cup\{a_1u_1,u_1b_1,a_2u_2,u_2b_2\}\cup(C'-b_1b_2)$ 是一个偶圈. 因为圈 C'' 是一个偶圈，所以圈 C'' 中含有两个不同的完美匹配 M_1 和 M_2. 由图 3－7 和图 3－8 可知，对于每一个正整数 $i=1,2$，子图 $G_5(m,n)-M_i$ 是一个 2-边连通的图，并且除了 u_1,u_2,u_3,u_4,u_5 这 5 个顶点外，其他的顶点都是 2 度顶点. 在子图 $G_5(m,n)-M_i$ 中，将所有的 2 度顶点收缩，我们可以得到一个只含有 5 个顶点的 2-边连通的图 G''. 显然图 G'' 含有处处不为零的 4-流 f''. 将图 G'' 扩展为子图 $G_5(m,n)-M_i$. 在此扩展过程中，4-流 f'' 可以扩展为子图 $G_5(m,n)-M_i$ 的一个处处不为零的 4-流 f. 由定理 1.50 可知，图 $G_5(m,n)$ 含有一个 Fulkerson 覆盖. 定理得证.

3.2.4 若干类 Flip-Flops 含有 Fulkerson 覆盖

在文献[13]中，图论学家 Chvátal 构造了一类图——Flip-Flops (已在 1.4.2 节中具体给出). 同样的，在文献[13]中，

Chvátal 定义了两种运算⊗和⊙(图 3－1 阐述了这两种运算). 进一步,Chvátal 得到了下面的定理.

定理 3.10(Chvátal[13])　如果图 G_1,图 G_2 和图 G_3 都是 Flip-Flops,则图 $G_1 \otimes G_2$ 和图 $G_1 \odot G_2 \odot G_3$ 也是 Flip-Flops.

由图 3－1 可知,如果图 G_1(或者图 G_2 或者图 G_3)不是 Flip-Flop,则图 $G_1 \otimes G_2$ 和图 $G_1 \odot G_2 \odot G_3$ 也是有意义的. 因此,这两个运算⊗和⊙也可以定义在除 Flip-Flops 之外的图上. 令 $\overline{F}=\{F_8, F_{11}, F_{13}, F_{14}, F_{18}, F_{26}\}$(图 1－4 和图 1－5).

有了 $\overline{F}$ 的定义,现在我们来定义一个新的子图类 F^*:

(1)$\overline{F}$ 是 F^* 的基集;

(2)如果图 $G_1, G_2 \in F^*$,则图 $G_1 \otimes G_2$ 和图 $G_1 \odot G_2 \in F^*$.

由图 3－1 可知,子图类 F^* 中的每一个图都含有四个不同的顶点. 接下来,我们证明子图类 F^* 中的每一个图都含有 Fulkerson 覆盖.

定理 3.11　如果图(G, a, b, c, d)是子图类 F^* 中的一个图,则图 G 含有一个 Fulkerson 覆盖.

在证明此定理之前,我们先来证明下面的定理.

定理 3.12　如果图(G, a, b, c, d)是子图类 F^* 中的一个图,则图 G 中含有两个不相交的匹配 M_1 和 M_2,使得 $M_1 \cup M_2$ 是一个偶子图,并且对于每一个正整数 $i=1,2$,子图 $G-M_i$ 满足:

(1)子图 $G-M_i$ 是一个 2-边连通的平面图;

(2)子图 $G-M_i$ 含有一个平面嵌入,并且在此平面嵌入中顶点 c 和顶点 d 都落在外平面上.

证明:假设图$(G_k, a_k, b_k, c_k, d_k) \in F^*$ 是由 $\overline{F}$ 中的成员做 $k(\geqslant 0)$次⊗和⊙运算之后所得到的图. 其中图 G_0 是 $\overline{F}$ 中的一个成员. 我们通过对整数 k 做归纳来证明这个定理. 首先,我们来考虑 $k=0$ 这一种情形.

如果图 $G_0=F_8$ 或者图 $G_0=F_{14}$,则因为 F_8 和 F_{14}都含有一个平面嵌入,并且在此平面嵌入中顶点 c 和顶点 d 都落在外平面上,所以我们只需令匹配 $M_1=M_2=\varnothing$即可. 如果图 $G_0=F_{11}$,则

取匹配 M_1 和匹配 M_2 是偶圈 $C=av_7v_4bv_5v_1a$ 中的两个不同的完美匹配(圈 C 在图 1-4 中已经用粗线画出);如果图 $G_0=F_{13}$,则取匹配 M_1 和匹配 M_2 是偶圈 $C=bv_4v_5v_6dv_9v_8v_7b$ 中的两个不同的完美匹配(圈 C 在图 1-4 中已经用粗线画出);如果图 $G_0=F_{18}$,则取匹配 M_1 和匹配 M_2 是偶圈 $C=v_1v_2v_{10}v_{12}v_{11}v_4v_3v_9v_8v_7v_1$ 中的两个不同的完美匹配(圈 C 在图 1-5 中已经用粗线画出);如果图 $G_0=F_{26}$,则取匹配 M_1 和匹配 M_2 是偶圈 $C=v_1v_2v_3v_8v_7v_6v_5v_{11}v_{14}v_{18}v_{17}v_{16}v_{20}v_{21}v_{22}v_{13}v_{12}v_{10}v_1$ 中的两个不同的完美匹配(圈 C 在图 1-5 中已经用粗线画出). 在每一种情形下,我们都可以得到,对于每一个正整数 $i=1,2$,子图 $G-M_i$ 满足:

(1)子图 $G-M_i$ 是一个 2-边连通的平面图;

(2)子图 $G-M_i$ 含有一个平面嵌入,并且在此平面嵌入中顶点 c 和顶点 d 都落在外平面上(在图 3-9～图 3-13 中令 $G_{k-1}=\varnothing$,我们就得到了 $k=0$ 时的平面嵌入).

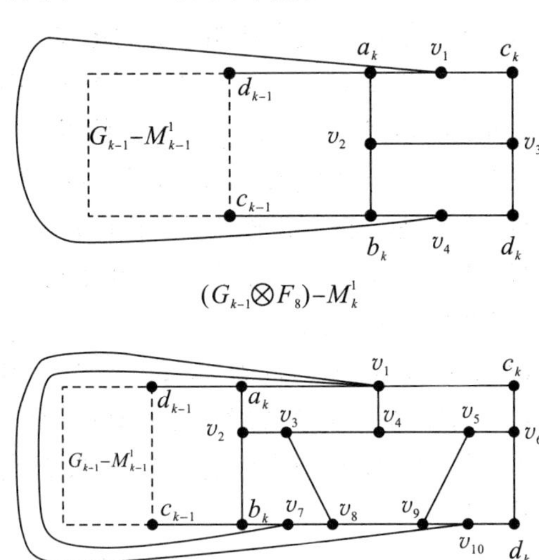

图 3-9

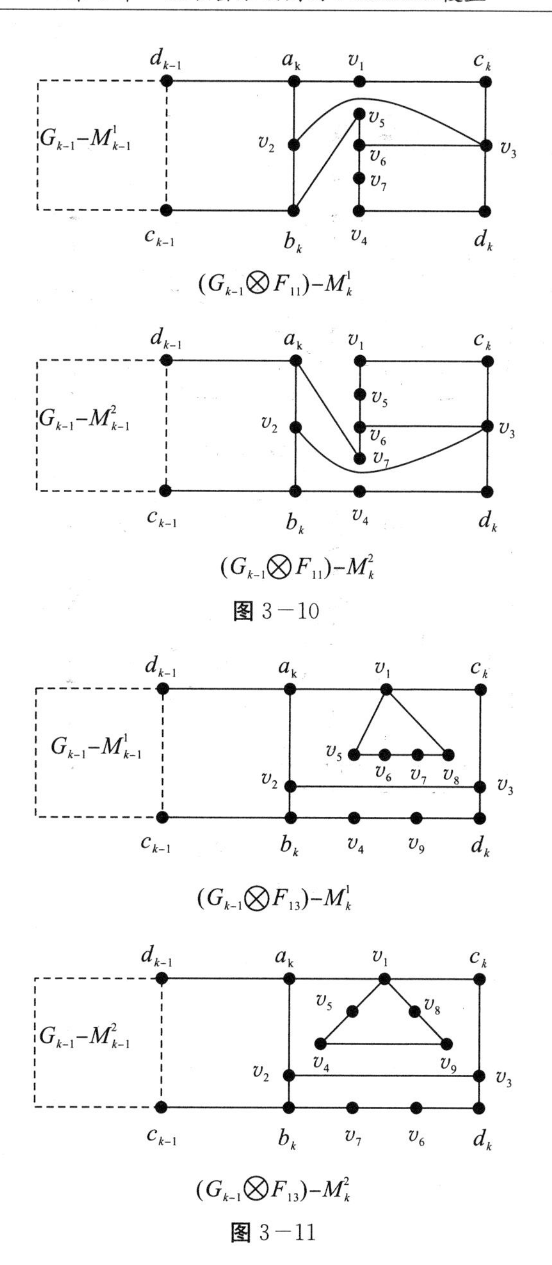
$(G_{k-1}\otimes F_{11})-M_k^1$
$(G_{k-1}\otimes F_{11})-M_k^2$
$(G_{k-1}\otimes F_{13})-M_k^1$
$(G_{k-1}\otimes F_{13})-M_k^2$

图 3－10

图 3－11

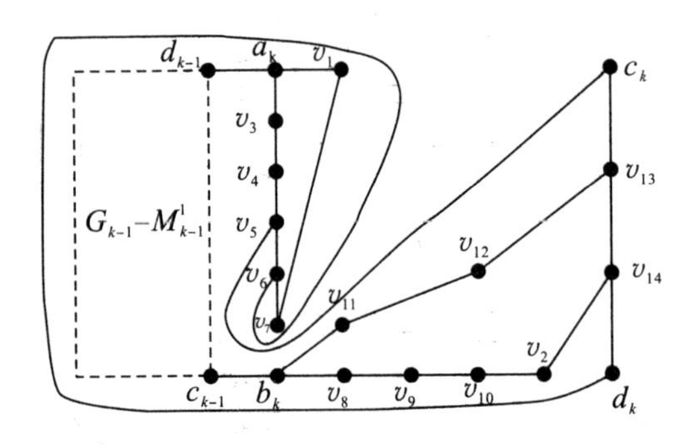

$(G_{k-1}\otimes F_{18})-M^1_k$

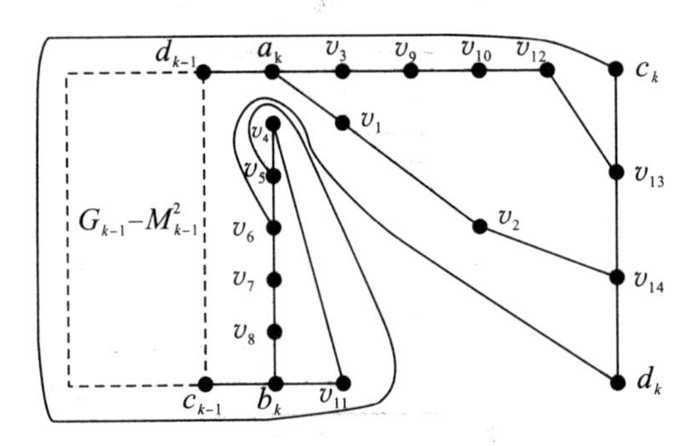

$(G_{k-1}\otimes F_{18})-M^2_k$

图 3－12

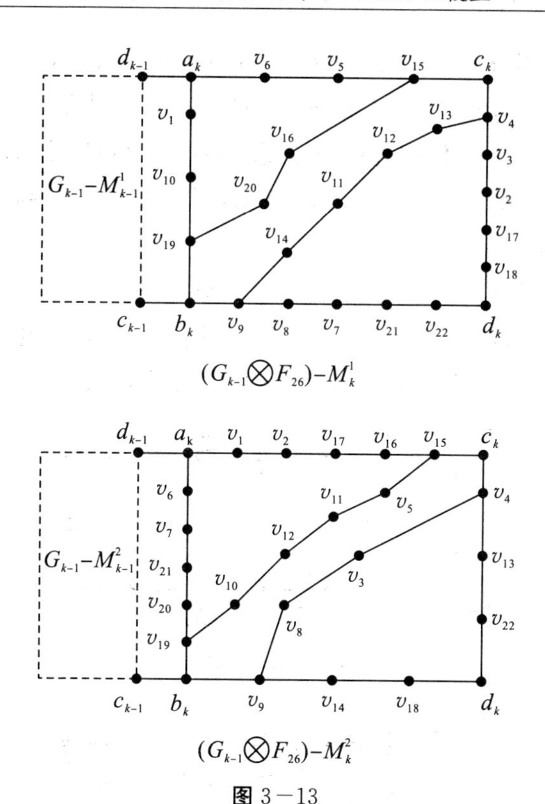

$(G_{k-1}\otimes F_{26})-M_k^1$

$(G_{k-1}\otimes F_{26})-M_k^2$

图 3－13

假设当 $k\geqslant 1$ 时，定理对于图 G_{k-1} 是成立的. 现在我们来考虑图 G_k. 已知图$(G_k, a_k, b_k, c_k, d_k)$是由图$(G_{k-1}, a_{k-1}, b_{k-1}, c_{k-1}, d_{k-1})$和 $\overline{F}$ 中的一个成员做$\otimes$或者$\odot$运算之后所得到的图. 即图 $G_k=G_{k-1}\otimes F$ 或者图 $G_k=G_{k-1}\odot F$，$F\in\overline{F}$. 由假设可知，图 G_{k-1} 中含有两个边不交的匹配 M_{k-1}^1 和 M_{k-1}^2，使得 $M_{k-1}^1\cup M_{k-1}^2$ 是一个偶子图，并且对于每一个正整数 $i=1,2$，子图 $G_{k-1}-M_{k-1}^i$ 满足：

(1)子图 $G_{k-1}-M_{k-1}^i$ 是一个 2-边连通的平面图；

(2)子图 $G_{k-1}-M_{k-1}^i$ 含有一个平面嵌入，并且在此平面嵌入中，顶点 c_{k-1} 和顶点 d_{k-1} 都落在外平面上.

假设边集 E_1 和 E_2 是在 $k=0$ 这一情形中所取的那两个完美匹配. 令 $M_k^1=M_{k-1}^1\cup E_1$ 和 $M_k^2=M_{k-1}^2\cup E_2$，则边集 M_k^1 和 M_k^2 是图 G_k 的两个边不交的完美匹配. 显然 $M_k^1\cup M_k^2$ 是图 G_k 的一个偶子图. 由图 3－9～图 3－18 可知，子图 $G_k-M_k^i$ 满足下面的这两个条件：

(1)子图 $G_k-M_k^i$ 是一个 2-边连通的平面图；

(2)子图 $G_k-M_k^i$ 中含有一个平面嵌入，并且在此平面嵌入中，顶点 c_k 和顶点 d_k 都落在外平面上. 证明完成.

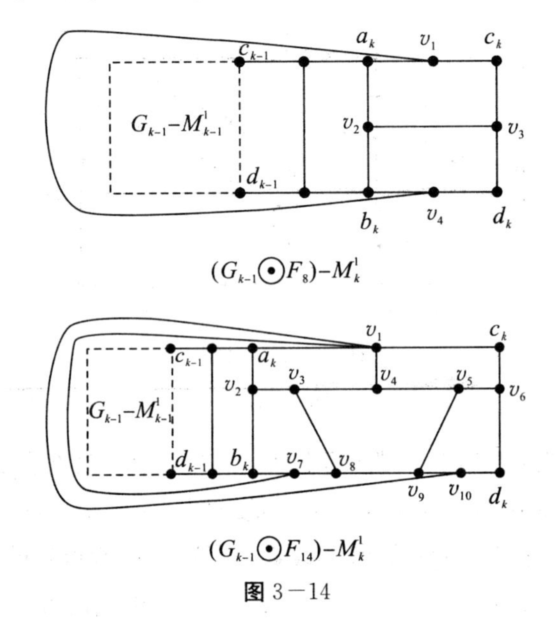

图 3－14

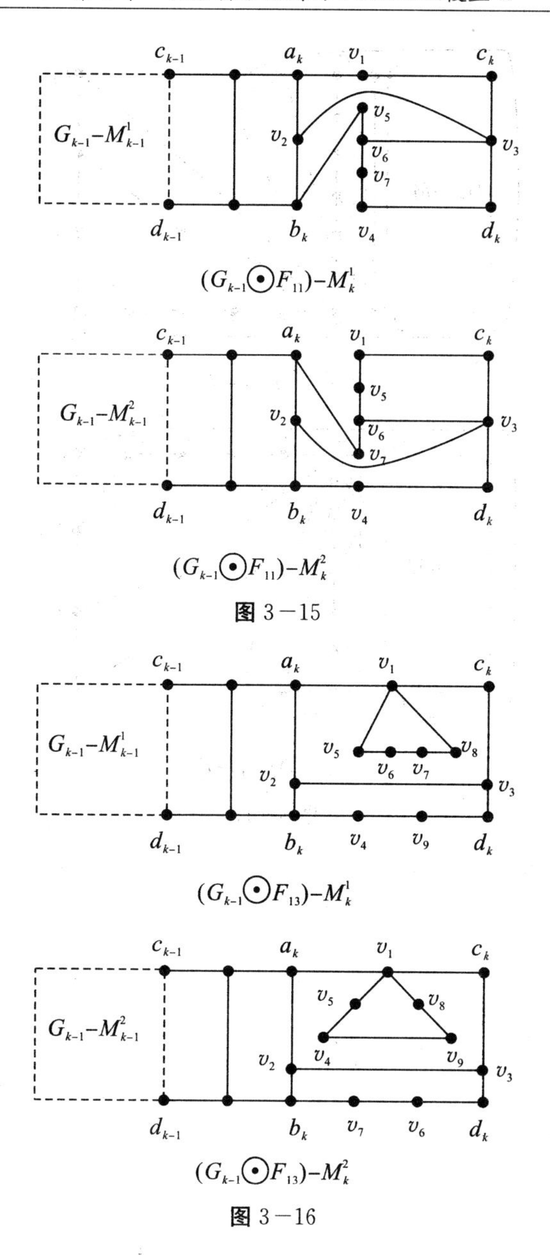
c_{k-1} a_k v_1 c_k
$G_{k-1}-M_{k-1}^1$
v_2 v_5 v_6 v_7 v_3
d_{k-1} b_k v_4 d_k
$(G_{k-1}\odot F_{11})-M_k^1$
c_{k-1} a_k v_1 c_k
$G_{k-1}-M_{k-1}^2$
v_2 v_5 v_6 v_7 v_3
d_{k-1} b_k v_4 d_k
$(G_{k-1}\odot F_{11})-M_k^2$

图 3－15

c_{k-1} a_k v_1 c_k
$G_{k-1}-M_{k-1}^1$
v_5 v_6 v_7 v_8 v_2 v_3
d_{k-1} b_k v_4 v_9 d_k
$(G_{k-1}\odot F_{13})-M_k^1$
c_{k-1} a_k v_1 c_k
$G_{k-1}-M_{k-1}^2$
v_5 v_8 v_4 v_9 v_2 v_3
d_{k-1} b_k v_7 v_6 d_k
$(G_{k-1}\odot F_{13})-M_k^2$

图 3－16

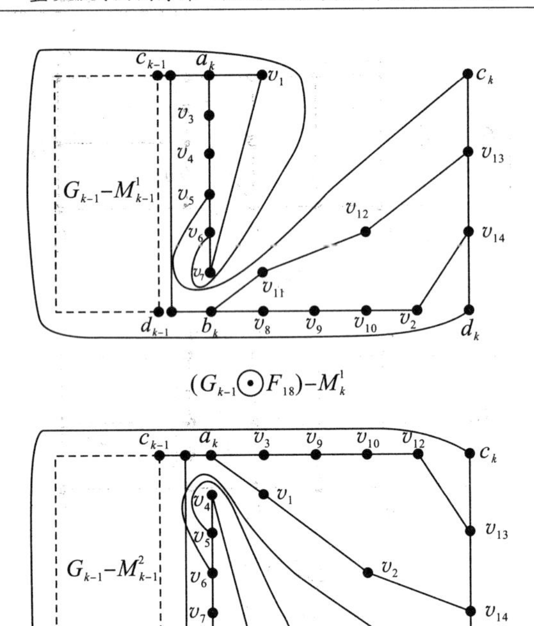

$(G_{k-1}\odot F_{18})-M_k^1$

$(G_{k-1}\odot F_{18})-M_k^2$

图 3－17

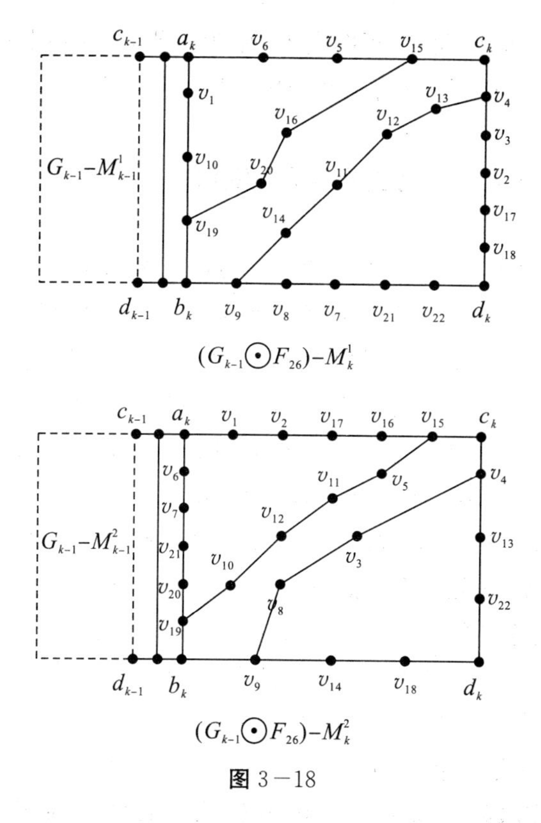

图 3－18

定理 3.11 的证明：假设图(G,a,b,c,d)是子图类 F^* 中的一个图. 由定理 3.12 可知，在图 G 中含有两个边不交的匹配 M_1 和 M_2，使得 $M_1\cup M_2$ 是一个偶子图，并且对于每一个正整数 $i=1,2$，子图 $G-M_i$ 满足：

(1)子图 $G-M_i$ 是一个 2-边连通的平面图；

(2)子图 $G-M_i$ 含有一个平面嵌入，并且在此平面嵌入中顶点 c 和顶点 d 都落在外平面上.

由四色定理(定理 1.31)可知，对于每一个正整数 $i=1,2$，子图 $G-M_i$ 含有处处不为零的 4-流. 因此由定理 1.50 可知，图 G 含有一个 Fulkerson 覆盖. 定理 3.11 得证.

由定理 3.10 可知，子图类 F^* 中含有若干类的 Flip-Flops. 因此 Fulkerson 猜想在若干类的 Flip-Flops 上成立.

3.2.5 (b,c)-可行的(a,d)-块链

令 $P=x_1x_2\cdots x_p$ 是一条从顶点 x_1 到顶点 x_p 的路，$S=B_1B_2\cdots B_n$ 是 n 个块的序列. 如果路 P 上的两个顶点 x_i，x_j $(\in V(P))$满足 $i\leqslant j$，则称在路 P 上顶点 x_i 在顶点 x_j 的前面. 如果对于每一个正整数 $i(1\leqslant i\leqslant n-1)$，$V(B_i)\cap V(B_{i+1})=\{b_i\}$，则称 $S=B_1B_2\cdots B_n$ 是一个块链. 由块的定义可知，每一个块 B_i 要么是一条边，要么是一个二连通的图.

定义 3.13 如果块链 $S=B_1B_2\cdots B_n$ 满足：

(1)块链 S 是一个平面图，

(2)块链 S 的外平面上含有四个不同的顶点 a,b,c,d，

(3)顶点 $a\in V(B_1)-\{b_1\}$，顶点 $d\in V(B_n)-\{b_{n-1}\}$，

(4)如果 $n=1$，则 $b_0=a,b_1=d$，

则称块链 S 是一个(a,b)-块链.

定义 3.14 如果块链 S 满足下面的条件(ⅰ)或者条件(ⅱ)：

(ⅰ)顶点 b,c 落在不同的块里，

(ⅱ)顶点 b,c 落在相同的块 B_i 里，并且在块链 S 外平面的边界上存在一条从顶点 b_{i-1} 到顶点 b_i 的路，使得在这条路上顶点 b 落在顶点 c 的前面，其中顶点 $b_0=a$，顶点 $b_n=d$，

则称块链 S 是(b,c)-可行的.

由定义 3.13 和定义 3.14 可知，如果块链 $S=B_1B_2\cdots B_n$ 是一个(b,c)-可行的(a,d)-块链，则在块链 S 中旋转某些块后，我们仍然可以得到一个(b,c)-可行的(a,d)-块链. 其中旋转操作可以用下面的语言来描述：令 $B_i(1\leqslant i\leqslant n)$是块链 S 中的一个块. 将连接顶点 b_{i-1} 和顶点 b_i 的路 P_i 作为一个轴 L_i(其中顶点 $b_0=a$，

顶点 $b_n=d$). 围绕轴 L_i 旋转块 B_i.

我们将 S 经过旋转操作之后所得到的图记为 S'. 因为块链 S 只经过了旋转操作,外平面边界上的顶点集并没有改变,所以块链 S' 在外平面边界上的顶点集与块链 S 在外平面边界上的顶点集相同. 由此事实及定义 3.13 和定义 3.14 可知,下面的引理是成立的(图 3－19 展示了其中的两种情形).

引理 3.15　令 S 是一个 (b,c)-可行的 (a,d)-块链, S' 是一个 (b',c')-可行的 (a',d')-块链. 如果块链 S 与块链 S' 是点不交的,则在 $\{c,d\}$ 和 $\{a',b'\}$ 之间增加两条不邻接的边 e_1 和 e_2 之后所得到的图 H 满足:

(1)图 H 是一个平面图;

(2)图 H 含有一个平面嵌入 $\widetilde{H}$,使得 $\widetilde{H}$ 是一个 (b,c')-可行的 (a,d')-块链;

(3)边 e_1 和边 e_2 都落在 $\widetilde{H}$ 外平面的边界上;

(4)边 e_1 和边 e_2 在 $\widetilde{H}$ 中共用一个内平面.

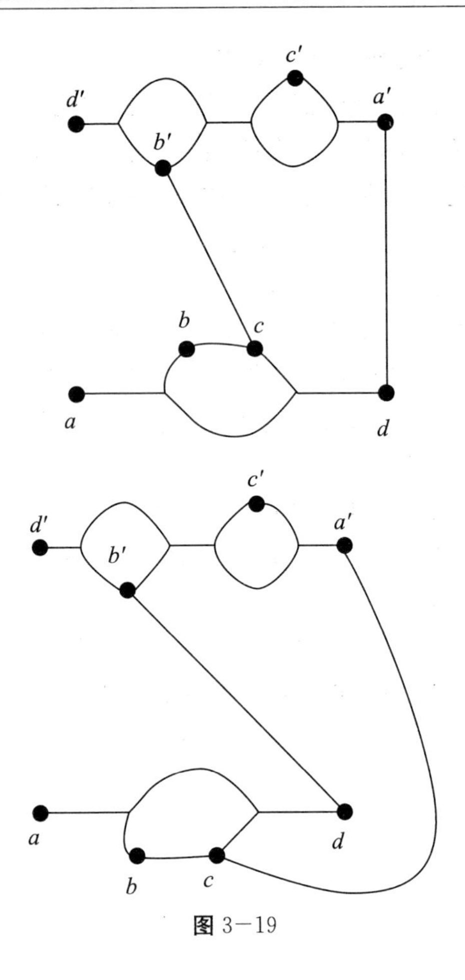

图 3-19

3.2.6 F^* 中的成员经过某种操作之后得到的图含有 Fulkerson 覆盖

在文献[13]中，图论学家 Chvátal 提出了一种操作：令图(G, a, b, c, d)是一个 Flip-Flop，在图 G 中增加两个新的顶点 u，v 和五条新边 uv，ua，ud，vb，vc，我们将此操作称为“加帽操作”.

同样的，Chvátal 得出了下面的定理.

定理 3.16(Chvátal[13])　如果图(G,a,b,c,d)是一个 Flip-Flop,则在图 G 中做"加帽操作"之后所得到的图是一个次哈密尔顿图.

自从 2003 年,图论学家 Häggkvist[21] 在第五届斯洛文尼亚会议上提出猜想 1.20 以来,越来越多的图论学家开始了对次哈密尔顿图的 Fulkerson 覆盖(猜想 1.20)的研究. 对猜想 1.20 的研究至今还没有什么进展,因此很多图论学者将目光放在了某些特殊的次哈密尔顿图上. 在本书,我们将证明 F^* 中的成员经过"加帽操作"之后所得到的图含有 Fulkerson 覆盖.

定理 3.17　如果图(G,a,b,c,d)是子图类 F^* 中的一个成员,则在图 G 中做"加帽操作"之后所得到的图含有 Fulkerson 覆盖.

为了证明定理 3.17,我们先来证明下面的定理.

定理 3.18　如果图(G,a,b,c,d)由是子图类 F^* 中的一个成员,则图 G 中含有两个不相交的边集 M_1 和 M_2,使得边集 M_1 和边集 M_2 满足下面的条件:

(1)边集 $M_1 \cup M_2$ 是一个偶子图;

(2)对于每一个正整数 $i=1,2$,子图 $G-M_i$ 含有一个平面嵌入,使得此平面嵌入是一个(b,c)-可行的(a,d)-块链.

证明:首先我们证明如果 $F \in \overline{F}$,则 F 中含有两个不相交的边集 M_1 和边集 M_2,使得边集 M_1 和边集 M_2 满足下面的条件:

(1)边集 $M_1 \cup M_2$ 是一个偶子图;

(2)对于每一个正整数 $i=1,2$,子图 $F-M_i$ 含有一个平面嵌入,使得此平面嵌入是一个(b,c)-可行的(a,d)-块链.

如果 $F=F_8$,则考虑圈 $C=av_1v_4dv_3v_2a$(圈 C 在图 1-4 中已经用粗线画出). 因为圈 C 是一个偶圈,所以圈 C 中含有两个不同的完美匹配 M_1 和 M_2. 因为对于每一个正整数 $i=1,2$,F_8-M_i 是一条从顶点 a 到顶点 d 的哈密尔顿路,所以 F_8-M_i 是一个(a,d)-块链. 又因为在 F_8-M_i 中,顶点 b,c 落在不同的块里,所以由定义 3.14 可知,定理对于 F_8 是成立的.

如果 $F=F_{11}$,或者 $F=F_{13}$,或者 $F=F_{26}$,则选取的边集 M_1,M_2 和在定理 3.12 的证明中选取的一样. 此时对于每一个正整数 $i=1,2$,$F-M_i$ 是一个块,并且此块含有一个平面嵌入,使得在此平面嵌入中顶点 a,b,c,d 都落在外平面上(如图 3-10、图 3-11、图 3-13 所示,其中$\{a_k,b_k,c_k,d_k\}$对应于$\{a,b,c,d\}$). 从图中可以看到,这些平面嵌入都是(b,c)-可行的(a,d)-块链(因为在外平面的边界上没有(a,d)-路同时包含顶点 b 和顶点 c). 如果 $F=F_{18}$,则考虑偶子图 $C=av_1v_7v_6v_5v_4v_{11}v_{12}v_{13}v_{14}v_2v_{10}v_9v_3a$(偶子图 C 在图 3-20 中已经用粗线画出). 令边集 M_1 和边集 M_2 是偶子图 C 中的两个不同的完美匹配. 显然匹配 M_1 和匹配 M_2 是两个不相交的边集.

由图 3-20 可知,对于每一个正整数 $i=1,2$,$F_{18}-M_i$ 含有一个平面嵌入,并且此平面嵌入是一个(b,c)-可行的(a,d)-块链.

最后我们来考虑 $F=F_{14}$ 这种情形. 在这种情形下,我们选择一个奇圈 $C=av_1v_{10}dv_6v_5v_4v_3v_2a$(奇圈 C 在图 1-5 中已经用粗线画出),将奇圈 C 中的两条邻边 av_1,v_1v_{10} 用一条新边 av_{10} 来代替. 我们将此时得到的偶圈记为 C'. 取边集 M_1' 和 M_2' 是偶圈 C' 中的两个不同的完美匹配,其中匹配 M_1' 包含新边 av_{10}. 令 $M_1=(M_1'-av_{10})\cup\{av_1,v_1v_{10}\}$,$M_2=M_2'$. 显然边集 M_1 和边集 M_2 是两个不相交的边集.

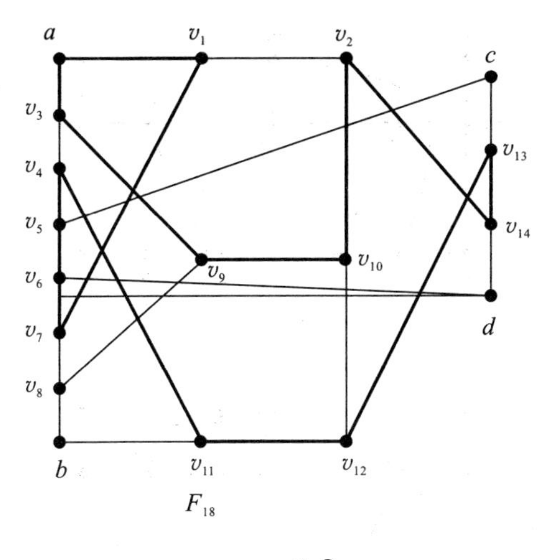

F_{18}

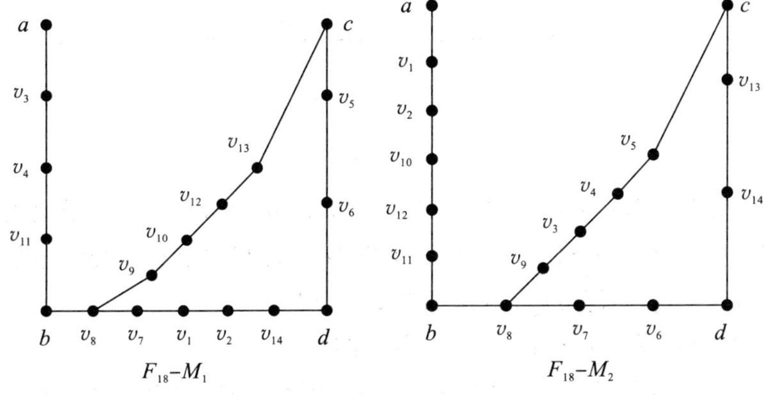

$F_{18}-M_1$　　$F_{18}-M_2$

图 3－20

由图 3－21 可知，对于每一个正整数 $i=1,2$，$F_{14}-M_i$ 含有一个平面嵌入，并且此平面嵌入是一个(b,c)-可行的(a,d)-块链．因此，如果 $F\in\overline{F}$，则 F 中含有两个不相交的边集 M_1 和边集 M_2，使得边集 M_1 和边集 M_2 满足下面的条件：

(1)边集 $M_1\cup M_2$ 是一个偶子图；

(2)对于每一个正整数 $i=1,2$，子图 $F-M_i$ 含有一个平面嵌入，使得此平面嵌入是一个(b,c)-可行的(a,d)-块链．

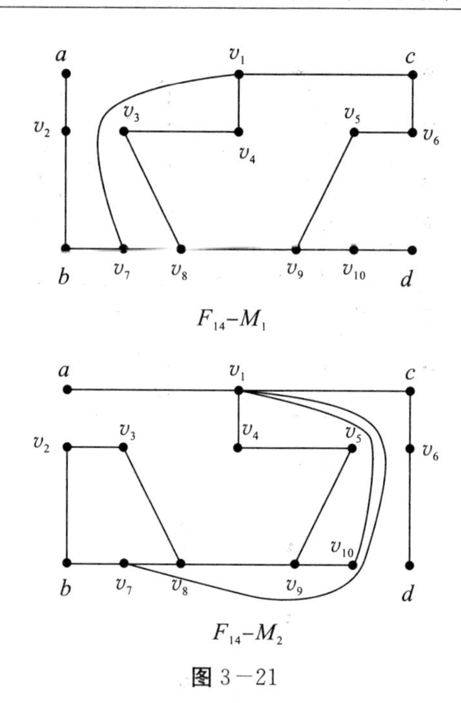

图 3－21

现在假设图(G,a,b,c,d)和图(G',a',b',c',d')是子图类F^*中满足定理条件的两个图，即图 G 中含有两个不相交的边集 M_1 和 M_2，使得边集 M_1 和边集 M_2 满足：

(1)边集 $M_1 \cup M_2$ 是一个偶子图；

(2)对于每一个正整数 $i=1,2$，子图 $G-M_i$ 含有一个平面嵌入，并且此平面嵌入是一个(b,c)-可行的(a,d)-块链.

图 G'中含有两个不相交的边集 M_1' 和 M_2'，使得边集 M_1' 和边集 M_2' 满足下面的条件：

(1)边集 $M_1' \cup M_2'$ 是一个偶子图；

(2)对于每一个正整数 $i=1,2$，子图 $G'-M_i'$ 含有一个平面嵌入，并且此平面嵌入是一个(b',c')-可行的(a',d')-块链.

考虑图 $G^*=G \otimes G'$. 令 $M_1^*=M_1 \cup M_1'$ 和 $M_2^*=M_2 \cup M_2'$. 显然，对于每一个正整数 $i=1,2$，图 $G^*-M_i^*=(G-M_i) \otimes (G'-$

M_i'). 因此对于每一个正整数 $i=1,2$, 图 $G^*-M_i^*$ 是由两个点不交的块链(其中一个是(b,c)-可行的(a,d)-块链, 另一个是(b',c')-可行的(a',d')-块链)通过在$\{c,d\}$和$\{a',b'\}$之间增加两条不邻接的边之后所得到的图.

由引理 3.15 可知:

(1)对于每一个正整数 $i=1,2$, 图 $G^*-M_i^*$ 是一个(b,c')-可行的(a,d')-块链;

(2)增加的这两条不邻接的边都落在外平面的边界上, 并且这两条不邻接的边共用一个内平面.

因此定理对于 $G\otimes G'$成立.

如果将运算$\otimes$换为运算$\odot$, 则 $G\odot G'$即为先在$\{c,d\}$和$\{a',b'\}$之间增加两条不邻接的边, 然后在每条新增加的边上插入一个新的顶点, 最后增加一条新边连接这两个新插入的顶点之后所得到的图(这是可以做到的, 因为这两条不邻接的边共用一个内平面). 这个事实说明定理对于 $G\odot G'$也成立. 定理得证.

现在我们来证明定理 3.17.

定理 3.17 的证明: 假设图 H 是由图$(G,a,b,c,d)\in F^*$经过"加帽操作"之后所得到的图. 由定理 3.18 可知, 图 G 中含有两个不相交的边集 M_1 和 M_2, 使得边集 M_1 和边集 M_2 满足下面的条件:

(1)$M_1\cup M_2$ 是一个偶子图;

(2)对于每一个正整数 $i=1,2$, 子图 $G-M_i$ 含有一个平面嵌入, 并且此平面嵌入是一个(b,c)-可行的(a,d)-块链.

显然对于每一个正整数 $i=1,2$, 图 $H-M_i$ 是由子图$G-M_i$经过"加帽操作"之后所得到的图. 即对于每一个正整数 $i=1,2$, 图$H-M_i$ 是在一个(b,c)-可行的(a,d)-块链上按照"加帽操作"所描述的那样增加两个新的顶点和五条新边之后所得到的图. 因此对于每一个正整数 $i=1,2$, 图 $H-M_i$ 是一个 2-边连通的图,

并且图 $H-M_i$ 的交叉数至多是 1. 由引理 3.1 可知，对于每一个正整数 $i=1,2$，图 $H-M_i$ 含有处处不为零的 4-流. 又由定理 1.50 可知，图 H 含有一个 Fulkerson 覆盖. 定理得证.

第 4 章　3-流猜想与边连通度

4.1　准备条件

定义 4.1　令 β_G 是图 G 的一个 Z_3-界，D 是图 G 的一个定向. 如果对于每一个顶点 $v \in V$，

$$d_D^+(v) - d_D^-(v) \equiv \beta_G(v) \pmod 3$$

成立，则称 D 是图 G 的一个 β_G-定向.

假设 A 是无向，无环图 G(可以有平行边)的一个顶点子集. 我们用 $d_G(A)$表示恰好有一个端点在顶点子集 A 中的边的数目. 我们称 $d_G(A)$为顶点子集 A 在图 G 中的度数. 类似的，如果顶点子集 $A=\{x\}$，则我们用 $d_G(x)$表示顶点 x 在图 G 中的度数.

假设 β_G 是图 G 的一个 Z_3-界. 我们定义一个新的映射 τ_G：$V(G) \to \{0, \pm 1, \pm 2, \pm 3\}$：

$$\tau_G(x) \equiv \begin{cases} \beta_G(x) \pmod 3, \\ d_G(x) \pmod 2, \end{cases}$$

其中 $x \in V(G)$. 我们可以将 τ_G 的定义域扩展到图 G 的任意一个非空的顶点子集 A 上：

$$\tau_G(A) \equiv \begin{cases} \beta_G(A) \pmod 3 \\ d_G(A) \pmod 2, \end{cases}$$

其中 $\beta_G(A) \equiv \sum_{x \in A} \beta_G(x) \pmod 3$.

命题 4.2 如果 A 是无向，无环图 G(可以有平行边)的一个顶点子集，则我们可以得到下面的两个结论：

(1)如果 $d_G(A) \leqslant 5$，则 $d_G(A) \leqslant 4 + |\tau_G(A)|$；

(2)如果 $d_G(A) \geqslant 6$，则 $d_G(A) \geqslant 4 + |\tau_G(A)|$.

显然，命题 4.2 可以由 $|\tau_G(A)| \leqslant 3$ 和 $d_G(A) - |\tau_G(A)|$ 是一个偶数推出.

引理 4.3 (Tutte[23]) 如果 G 是一个无向，无环图(可以有平行边)，则我们可以得到下面的两个结论：

(1)图 G 含有处处不为零的 3-流的充要条件是图 G 含有一个模 3 的定向；

(2)图 G 含有处处不为零的 3-流的充要条件是图 G 含有一个 β_G-定向，其中 $\beta_G = 0$.

下面的引理在我们的整个证明过程中起着至关重要的作用. 此引理是由图论学家 Lovász, Thomassen, Wu 和 Zhang 在文献[46]中提出的.

引理 4.4 (Lovász, Thomassen, Wu 和 Zhang[46]) 令 G 是一个无向，无环图(可以有平行边)，β_G 是图 G 的一个 Z_3-界. 假设 z_0 是图 G 的一个顶点，D_{z_0} 是边集 $E_G(z_0)$ 的一个定向. 其中边集 $E_G(z_0)$ 是由所有与顶点 z_0 相关联的边组成的集合. 如果下面的三个条件成立：

(i) $|V(G)| \geqslant 3$，

(ii) $d_G(z_0) \leqslant 4 + |\tau_G(z_0)|$ 和 $d^+_{D_{z_0}}(z_0) - d^-_{D_{z_0}}(z_0) \equiv \beta_G(z_0) \pmod 3$，

(iii)对于任意一个顶点子集 $A \subseteq V - \{z_0\}$，如果顶点子集 A

满足$|A|\geqslant 1$和$|V-A|>1$,则$d_G(A)\geqslant 4+|\tau_G(A)|$,
则边集$E_G(z_0)$的定向D_{z_0}可以扩展为整个图G的一个定向D.即对于图G的每一个顶点x,有$d_D^+(x)-d_D^-(x)\equiv\beta_G(x)(\mathrm{mod}\ 3)$成立.

4.2　主要的结论

4.2.1　定理 1.51 的证明

定理 1.51　令图G是一个 2-边连通的图,$P=\{C=\partial_G(X):|C|=3,X\subset V(G)\}$是图$G$中 3-边割的集合,$Q=\{C=\partial_G(X):|C|=5,X\subset V(G)\}$是图$G$中 5-边割的集合. 如果$2|P|+|Q|\leqslant 7$,则图$G$含有处处不为零的 3-流.

证明:我们用反证法来证明这个定理. 假设定理 1.51 不成立. 我们在不满足定理 1.51 的所有的图中,取图G,使得$|V(G)|+|E(G)|$最小. 令$P'=\{x\in V(G):d_G(x)=3\}$是图$G$中 3 度顶点的集合,$Q'=\{x\in V(G):d_G(x)=5\}$是图$G$中 5 度顶点的集合. 我们可以得到下面的三条引理.

引理 4.5　$|V(G)|\geqslant 3$.

证明:我们用反证法来证明这个引理. 如果此引理不成立,则$|V(G)|\leqslant 2$. 此时,如果$|V(G)|=1$,则图G含有一个处处不为零的 3-流,与图G是一个反例矛盾. 如果$|V(G)|=2$,假设$V(G)=\{x,y\}$,则图G中所有的边都以顶点x和顶点y为端点. 因为图G是一个 2-边连通的图,所以$|E(G)|\geqslant 2$. 假设$a\in\{0,1,2\}$满足$a\equiv|E(G)|-a(\mathrm{mod}\ 3)$. 给图$G$中所有的边定向,使得$a$条边的

方向是由顶点 x 到顶点 y 的，剩下的 $|E(G)|-a$ 条边的方向是由顶点 y 到顶点 x 的. 显然，此时得到的定向是图 G 的一个模 3 的定向. 由引理 4.3(1) 可知，图 G 含有一个处处不为零的 3-流，与图 G 是一个反例矛盾. 因此 $|V(G)|\geqslant 3$.

引理 4.6 图 G 是一个 3-边连通的图，并且图 G 中不含有非平凡的 3-边割.

证明：我们用反证法来证明这个引理. 如果此引理不成立，则图 G 不是 3-边连通的或者图 G 含有非平凡的 3-边割. 此时，如果图 G 含有一个 2 度顶点 x，则假设 $xx_1, xx_2\in E(G)$. 由图 G 的最小性可知，图 $(G-\{xx_1, xx_2\})\cup\{x_1x_2\}$ 含有一个处处不为零的 3-流 f'，然而 f' 可以扩展为图 G 的一个处处不为零的 3-流 f，与图 G 是一个反例矛盾. 如果图 G 含有一个非平凡的 k-边割 $(k=2, 3)$，则收缩掉任意一端后，由图 G 的最小性可知，得到的图含有一个模 3 的定向. 将得到的两个定向合并，我们可以得到图 G 的一个模 3 的定向. 由引理 4.3(1) 可知，图 G 含有一个处处不为零的 3-流，与图 G 是一个反例矛盾. 因此，图 G 是一个 3-边连通的图，并且图 G 不含有非平凡的 3-边割.

引理 4.7 令 $U\subset V$ 是图 G 的一个顶点子集. 如果 $d_G(U)\leqslant 5$ 和 $|U|\geqslant 2$，则 $U\cap(P'\cup Q')\neq\varnothing$.

证明：我们用反证法来证明这个引理. 如果此引理不成立，则选择顶点子集 U，使得顶点子集 U 是满足上述条件的极小的顶点子集. 即对于任意一个顶点子集 $A\subset U$，如果 $2\leqslant|A|<|U|$，则 $d_G(A)\geqslant 6$.

由图 G 的最小性可知，G/U 含有一个模 3 的定向 D'. 即对于每一个顶点 $x\in V-U$，有 $d_{D'}^{+}(x)\equiv d_{D'}^{-}(x)\pmod 3$ 成立.

假设图 G' 是由图 G 将顶点子集 $V-U$ 收缩为一个顶点 z_0 之后所得到的图. 令 $\beta_{G'}=0$，则下面的三个结论成立：

(ⅰ) 因为 $V(G)'=U+z_0$，所以 $|V(G')|=|U|+1\geqslant 3$.

(ⅱ)因为 $d_{G'}(z_0)=d_G(U)\leqslant 5$,所以由命题 4.2(1)可知,$d_{G'}(z_0)\leqslant 4+|\tau_{G'}(z_0)|$.

(ⅲ)由假设和顶点子集 U 的极小性可知,对于 $\forall A\subset U$,$d_G(A)\neq 5$ 和 $d_G(A)\neq 3$. 由引理 4.6 可知,$d_G(A)\geqslant 3$. 因为 $d_G(A)\neq 3$ 和 $d_G(A)\neq 5$,所以 $d_G(A)=4$ 或者 $d_G(A)\geqslant 6$. 如果 $d_G(A)=4$,则 $d_{G'}(A)=d_G(A)=4$, $\tau_{G'}(A)=\beta_{G'}(A)=\beta_G(A)=0$. 因此 $d_{G'}(A)=4=4+|\tau_{G'}(A)|$. 如果 $d_G(A)\geqslant 6$,则由命题 4.2(2)可知,$d_{G'}(A)=d_G(A)\geqslant 4+|\tau_{G'}(A)|$.

由引理 4.4 可知,$E_{G'}(z_0)$(图 G'中与顶点 z_0 相关联的所有边组成的集合)的定向可以扩展为图 G'的一个 $\beta_{G'}$-定向($\beta_{G'}=0$). 将此定向和定向 D'合并, 我们可以得到图 G 的一个模 3 的定向. 由引理 4.3(1)可知,图 G 含有一个处处不为零的 3-流,与图 G 是一个反例矛盾.

假设图 G_1' 是在图 G 的基础上增加一个新的顶点 z_0 和 $2|P'|+|Q'|$条连接顶点 z_0 和顶点子集 $P'\cup Q'$的弧之后所得到的图. 其中这 $2|P'|+|Q'|$条弧满足下面的两个条件:

(ⅰ)如果顶点 $v\in P'$,则增加两条方向相同的弧连接顶点 v 和顶点 z_0;

(ⅱ)如果顶点 $v\in Q'$,则增加一条弧连接顶点 v 和顶点 z_0.

如果 $2|P'|+|Q'|\leqslant 5$,则规定新增加的这 $2|P'|+|Q'|$条弧的方向都是从顶点 z_0 到顶点子集 $P'\cup Q'$的. 定义 $\beta_{G_1'}$:

(1)如果顶点 $x\notin(P'\cup Q')+z_0$,则定义 $\beta_{G_1'}(x)=0$;

(2)如果顶点 $x\in P'$,则定义 $\beta_{G_1'}(x)=1$;

(3)如果顶点 $x\in Q'$,则定义 $\beta_{G_1'}(x)=2$;

(4)定义 $\beta_{G_1'}(z_0)\equiv 2|P'|+|Q'|\pmod 3$,$\beta_{G_1'}(z_0)\in\{0,1,2\}$.

如果 $2|P'|+|Q'|=6$ 或者 $2|P'|+|Q'|=7$,则在这两种情况下,如果$|P'|\neq 0$,则选择顶点子集 P'中的一个顶点 v,使得连接顶点 z_0 和顶点 v 的这两条弧的方向都是从顶点 v 到顶点 z_0

的，与顶点 z_0 相关联的其他的弧的方向都是从顶点 z_0 出发的；如果 $|P'|=0$，则规定与顶点 z_0 相关联的所有的弧中有两条弧的方向是从顶点子集 Q' 到顶点 z_0 的，与顶点 z_0 相关联的其他的弧的方向都是从顶点 z_0 出发的. 定义 $\beta_{G_1'}$：

(1) 如果顶点 $x\notin(P'\cup Q')+z_0$，则定义 $\beta_{G_1'}(x)=0$；

(2) 如果顶点 $x\in Q'$，并且弧 (z_0,x) 存在或者顶点 $x\in P'$，并且连接顶点 z_0 和顶点 x 的这两条弧的方向都是从顶点 x 到顶点 z_0 的，则定义 $\beta_{G_1'}(x)=2$；

(3) 如果顶点 $x\in Q'$，并且弧 (x,z_0) 存在或者顶点 $x\in P'$，并且连接顶点 z_0 和顶点 x 的这两条弧的方向都是从顶点 z_0 到顶点 x 的，则定义 $\beta_{G_1'}(x)=1$；

(4) 定义 $\beta_{G_1'}(z_0)\equiv(2|P'|+|Q'|-2)-2 \pmod 3$.

现在 $d_{G_1'}(z_0)\leqslant 4+|\tau_{G_1'}(z_0)|$ 和 $|V(G_1')|=|V(G)|+1\geqslant 4$. 接下来我们证明：对于任意的顶点子集 $A\subseteq V(G_1')-z_0$，如果顶点子集 A 满足：$|A|\geqslant 1$ 和 $|V(G_1')-A|>1$，则 $d_{G_1'}(A)\geqslant 4+|\tau_{G_1'}(A)|$.

如果 $A\cap(P'\cup Q')=\varnothing$，则由引理 4.7 可知，$d_G(A)=4$ 或者 $d_G(A)\geqslant 6$. 因此 $d_{G_1'}(A)=d_G(A)\geqslant 4+|\tau_{G_1'}(A)|$. 如果 $A\cap(P'\cup Q')\neq\varnothing$，则由引理 4.6 可知 $d_{G_1'}(A)\geqslant 5$. 如果 $d_{G_1'}(A)=5$，则 $d_G(A)=3$ 或者 $d_G(A)=4$. 在这两种情况下我们都可以得到 $|A\cap(P'\cup Q')|=1$，$\beta_{G_1'}(A)=1$ 或者 $\beta_{G_1'}(A)=2$ 和 $|\tau_{G_1'}(A)|=1$. 因此 $d_{G_1'}(A)\geqslant 4+|\tau_{G_1'}(A)|$. 如果 $d_{G_1'}(A)\geqslant 6$，则由引理 4.2(2) 可知 $d_{G_1'}(A)\geqslant 4+|\tau_{G_1'}(A)|$. 因此，对于任意的顶点子集 $A\subseteq V(G_1')-z_0$，如果顶点子集 A 满足：$|A|\geqslant 1$ 和 $|V(G_1')-A|>1$，则 $d_{G_1'}(A)\geqslant 4+|\tau_{G_1'}(A)|$.

因为图 G_1' 满足引理 4.4 的所有条件，所以图 G_1' 含有一个 $\beta_{G_1'}$-定向. 将此定向限制在图 G 上，我们可以得到图 G 的一个 β_G-定向($\beta_G=0$). 由引理 4.3(2) 可知，图 G 含有一个处处不为零的 3-流，与图 G 是一个反例矛盾. 定理得证.

4.2.2　定理 1.52 的证明

定理 1.52　令图 G 是一个 5-边连通的图. 如果图 G 中至多含有 5 个 5-边割，则图 G 是 Z_3-连通的.

证明：我们用反证法来证明这个定理. 假设定理 1.52 不成立. 我们在不满足定理 1.52 的所有的图中，取图 G，使得 $|V(G)|+|E(G)|$ 最小. 因为图 G 是一个反例，所以存在一个 Z_3-界 β_G，使得图 G 没有 β_G-定向. 假设 $S'=\{x\in V(G):d_G(x)=5\}$ 是图 G 中 5 度顶点的集合，$S=\{C=\partial_G(X):|C|=5,X\subset V(G)\}$ 是图 G 中 5-边割的集合. 我们可以得到下面的两个引理.

引理 4.8　$|V(G)|\geqslant 3$，并且 $|S'|\leqslant|S|\leqslant 5$.

证明：我们先来证明此引理的第二部分. 因为 5 度顶点是 5-边割的一部分，所以 $|S'|\leqslant|S|\leqslant 5$ 成立. 我们用反证法来证明此引理的第一部分. 如果此引理的第一部分不成立，则 $|V(G)|\leqslant 2$. 因为图 G 是 5-边连通的，所以 $|V(G)|\geqslant 2$. 因此 $|V(G)|=2$. 令 $V(G)=\{x,y\}$，则图 G 中所有的边都以顶点 x 和顶点 y 为端点，并且 $|E(G)|\geqslant 5$. 假设 D_x 是边集 $E_G(x)$（图 G 中与顶点 x 相关联的所有边组成的集合）的一个定向，使得 $d^+_{D_x}(x)-d^-_{D_x}x(x)\equiv\beta_G(x)(\text{mod }3)$. 因为 β_G 是图 G 的一个 Z_3-界，所以 $d^+_{D_x}(y)-d^-_{D_x}(y)\equiv\beta_G(y)(\text{mod }3)$. 由 β_G-定向的定义（定义 4.1）可知，图 G 含有一个 β_G-定向，与图 G 不含有 β_G-定向矛盾. 因此 $|V(G)|\geqslant 3$. 此引理得证.

引理 4.9　令 $U\subset V(G)$ 是图 G 的一个顶点子集. 如果 $d_G(U)=5$ 和 $|U|\geqslant 2$，则 $U\cap S'\neq\varnothing$.

证明：我们用反证法来证明这个引理. 如果此引理不成立，则选择顶点子集 U，使得顶点子集 U 是满足上述条件的极小的顶点

子集. 即对于任意一个顶点子集 $A \subset U$，如果 $2 \leqslant |A| < |U|$，则 $d_G(A) \neq 5$.

由图 G 的最小性可知，G/U 含有一个 β_G-定向 D'. 即对于每一个顶点 $x \in V-U$，有 $d^+_{D'}(x) - d^-_{D'}(x) \equiv \beta_G(x) \pmod 3$.

假设图 G' 是由图 G 将顶点子集 $V-U$ 收缩为一个顶点 z_0 之后所得到的图. 令 $\beta_{G'} = \beta_G$，则下面的三个结论成立：

（ⅰ）因为 $V(G') = U + z_0$，所以 $|V(G')| = |U| + 1 \geqslant 3$；

（ⅱ）因为 $d_{G'}(z_0) = d_G(U) = 5$，所以由命题 4.2(1) 可知，$d_{G'}(z_0) \leqslant 4 + |\tau_{G'}(z_0)|$.

（ⅲ）由假设和顶点子集 U 的极小性可知，对于 $\forall A \subset U$，$d_G(A) \neq 5$.

因为图 G 是 5-边连通的，所以 $d_G(A) \geqslant 6$. 由命题 4.2(2) 可知，$d_{G'}(A) = d_G(A) \geqslant 4 + |\tau_{G'}(A)|$.

由引理 4.4 可知，$E_{G'}(z_0)$（图 G' 中与顶点 z_0 相关联的所有边组成的集合）的定向可以扩展为图 G' 的一个 $\beta_{G'}$-定向. 将此定向和定向 D' 合并，我们可以得到图 G 的一个 β_G-定向，与图 G 不含有 β_G-定向矛盾.

假设图 G_1' 是在图 G 的基础上增加一个新的顶点 z_0 和 $|S'|$ 条从顶点 z_0 到顶点子集 S' 的弧之后所得到的图. 其中顶点子集 S' 中的每一个顶点在图 G_1' 中的度数皆为 6. 定义 $\beta_{G_1'}$：

(1) 如果顶点 $x \notin S' + z_0$，则定义 $\beta_{G_1'}(x) = \beta_G(x)$；

(2) 如果顶点 $x \in S'$，则定义 $\beta_{G_1'}(x) \equiv \beta_G(x) - 1 \pmod 3$；

(3) 定义 $\beta_{G_1'}(z_0) \equiv |S'| \pmod 3$，$\beta_{G_1'}(z_0) \in \{0,1,2\}$.

现在 $d_{G_1'}(z_0) \leqslant 4 + |\tau_{G_1'}(z_0)|$ 和 $|V(G_1')| = |V(G)| + 1 \geqslant 4$. 接下来我们证明：对于任意一个顶点子集 $A \subseteq V(G_1') - z_0$，如果顶点子集 A 满足：$|A| \geqslant 1$ 和 $|V(G_1') - A| > 1$，则 $d_{G_1'}(A) \geqslant 4 + |\tau_{G_1'}(A)|$.

如果 $A \cap S' = \varnothing$，则由引理 4.9 可知，$d_{G_1'}(A) = d_G(A) \neq 5$.

因此 $d_{G_1}(A)\geqslant 6$. 由命题 4.2(2)可知, $d_{G_1'}(A)=d_G(A)\geqslant 4+|\tau'_{G_1}(A)|$. 如果 $A\cap S'\neq\varnothing$, 则 $d_{G_1'}(A)\geqslant d_G(A)+1\geqslant 6$. 由命题 4.2(2)可知, $d_{G_1'}(A)\geqslant 4+|\tau_{G_1'}(A)|$. 因此,对于任意一个顶点子集 $A\subseteq V(G_1')-z_0$, 如果顶点子集 A 满足: $|A|\geqslant 1$ 和 $|V(G_1')-A|>1$, 则 $d_{G_1'}(A)\geqslant 4+|\tau_{G_1'}(A)|$.

因为图 G_1' 满足引理 4.4 的所有条件,所以图 G_1' 含有一个 $\beta_{G_1'}$-定向. 将此定向限制在图 G 上,我们可以得到图 G 的一个 β_G-定向. 与图 G 不含有 β_G-定向矛盾. 定理得证.

4.3　等价命题

2001 年,图论学家 Kochol[42] 证明 Tutte 3-流猜想(猜想 1.30)等价于任意一个 5-边连通的图含有处处不为零的 3-流.

2012 年,图论学家 Thomassen[45] 证明任意一个 8-边连通的图含有处处不为零的 3-流. 2013 年, Lovász, Thomassen, Wu 和 Zhang[46] 将 Thomassen[45] 的结果改进到任意一个 6-边连通的图含有处处不为零的 3-流. 因此,只要将 6 改进到 5, Tutte 3-流猜想(猜想 1.30)就可以被解决. 然而将 6 改进到 5 是一个非常艰巨的任务,至今还没有什么进展.

在此,我们提出 Tutte 3-流猜想(猜想 1.30)的另一个等价猜想.

猜想 4.10　令图 G 是一个 5-边连通的图. 如果 $\delta(G)\geqslant 6$, 则图 G 含有处处不为零的 3-流.

在证明等价性之前,我们先来介绍一个非常重要的引理. 此引理是由数学家 Tutte[24] 提出来的.

引理 4.11(Tutte[24])　令 $F(G,k)$ 是图 G 中处处不为零的 k-流

的数目，$e \in E$ 是图 G 的一条边. 如果边 e 不是图 G 的环，则 $F(G,k)=F(G/e,K)-F(G-e,k)$.

猜想 4.10 与猜想 1.30 等价性的证明：很明显，如果 Tutte 3-流猜想(猜想 1.30)成立，则猜想 4.10 成立. 接下来我们证明如果猜想 4.10 成立，则 Tutte 3-流猜想(猜想 1.30)也成立. 假设图 G 是一个 5-边连通的图，图 G' 是在图 G 的每一个顶点上黏上一个 K_7 的拷贝 H 之后所得到的图，其中 $|V(H)\cap V(G)|=1$. 此时得到的图 G' 也是 5-边连通的，并且 $\delta(G')\geqslant 6$. 因为猜想 4.10 成立，所以图 G' 含有一个处处不为零的 3-流. 由引理 4.11 可知，图 G 含有一个处处不为零的 3-流. 因此由猜想 4.10 成立，可以推出任意一个 5-边连通的图含有处处不为零的 3-流. 又因为 Tutte 3-流猜想(猜想 1.30)等价于任意一个 5-边连通的图含有处处不为零的 3-流，所以由猜想 4.10 成立，可以推出 Tutte 3-流猜想(猜想 1.30)成立. 因此 Tutte 3-流猜想(猜想 1.30)与猜想 4.10 等价.

归纳展望

本书研究了3-流猜想、偶因子和Fulkerson覆盖的部分问题.

在偶因子方面,得出的主要结论就是下面的定理:

定理1.49 如果简单图G中含有偶因子,则图G中含有一个偶因子F,使得$|E(F)| \geqslant \frac{4}{7}(|E(G)|+1)$.

定理1.49完全解决了图论学家Favaron和Kouider的猜想(猜想1.10). 进一步,我们刻画出了当系数恰好是$\frac{4}{7}$时的所有的极图.

在Fulkerson猜想方面,我们得到了2-边连通的图含有Fulkerson覆盖的充要条件. 利用此充要条件,我们证明Fulkerson猜想在某些特殊图类上成立. 我们的主要结论就是下面的定理:

定理1.50 如果图G是一个2-边连通的图,则图G含有Fulkerson覆盖的充要条件是图G中含有两个不相交的边集E_1和E_2,使得$E_1 \cup E_2$是一个偶子图,并且对于每一个正整数$i=1,2$,子图$G-E_i$含有处处不为零的4-流.

利用定理1.50,我们证明Fulkerson猜想在图类$G_3(m)$,$G_3(m,n)$,$G_5(m,n)$,F^*,以及由图类F^*经过"加帽操作"之后

所得到的图类上成立.

在 3-流猜想方面,我们运用图论学家 Lovász, Thomassen, Wu 和 Zhang[43] 的结论,得到了下面两个定理:

定理 1.51 令图 G 是一个 2-边连通的图,$P=\{C=\partial_G(X):|C|=3, X\subset V(G)\}$ 是图 G 中 3-边割的集合,$Q=\{C=\partial_G(X):|C|=5, X\subset V(G)\}$ 是图 G 中 5-边割的集合. 如果 $2|P|+|Q|\leqslant 7$,则图 G 含有处处不为零的 3-流.

定理 1.52 令图 G 是一个 5-边连通的图. 如果图 G 中至多含有 5 个 5-边割,则图 G 是 Z_3-连通的.

由定理 1.51,我们推出了下面的两个定理:

定理 1.53 令图 G 是一个 4-边连通的图. 如果图 G 中至多含有 7 个 5-边割,则图 G 含有处处不为零的 3-流.

定理 1.54 令图 G 是一个 2-边连通的图. 如果图 G 中至多含有 3 个 3-边割,不含有 5-边割,则图 G 含有处处不为零的 3-流.

定理 1.53、定理 1.54 和定理 1.52 分别部分地解决了 Tutte 的 3-流猜想, Kochol 的猜想(猜想 1.45)和 Jaeger 等人的猜想(猜想 1.46).

参考文献

[1]W. T. Tutte, On the problem of decompositing a graph into n connected factors, *J. London Math. Soc.* 36 (1961) 221−230.

[2]C. St. J. A. Nash-Williams, Edge-disjoint spanning trees of finite graphs, *J. London Math. Soc.* 36(1961)445−450.

[3]F. Jaeger, A note on subeulerian graphs, *J. Graph Theory* 3 (1979)91−93.

[4]F. Jaeger, Flows and generalized coloring theorems in graphs, *J. Combin. Theory Ser. B* 26(1979)205−216.

[5]R. Steinberg, Grötzsch's Theorem dualized, M. Math Thesis, University of Waterloo, Ontario, Canada, 1976.

[6]J. A. Bondy, U. S. R. Murty, *Graph Theory*, Graduate Texts in Mathematics, 244, Springer, New York, 2008.

[7]P. A. Catlin, Double cycle covers and the Petersen graph, *J. Graph Theory* 13(1989)465−483.

[8]D. X. Li, D. Y. Li, J. H. Mao, On maximum number of edges in a spanning eulerian subgraph, *Discrete Math.* 274(2004)299−302.

[9] H. Fleischner, Spanning eulerian subgraph, the splitting

lemma, and Petersen's theorem, *Discrete Math*. 101(1992)33—37.

[10] H. J. Lai, Z. H. Chen, Even subgraphs of a graph, *Combinatorics, Graph Theory and Algorithms*, New Issues Press, Kalamazoo(1999)221—226.

[11] O. Favaron, M. Kouider, Even factors of large size, *J. Graph Theory* 77(2014)58—67.

[12] J. B. Collier, E. F. Schmeichel, New flip-flop constructions for hypohamiltonian graphs, *Discrete Math*. 18(1977)265—271.

[13] V. Chvátal, Flip-flops in hypohamiltonian graphs, *Canad. Math. Bull*. 16(1973)33—41.

[14] D. R. Fulkerson, Blocking and antiblocking pairs of polyhedra, *Math. Programming* 1(1971)168—194.

[15] J. C. Bermond, B. Jackson, F. Jaeger, Shortest coverings of graphs with cycles, *J. Combin. Theory Ser. B* 35(1983)297—308.

[16] F. Jaeger, Nowhere-zero flow problems, in Selected Topics in Graph Theory(L. Beineke and R. Wilson, Eds.), Vol 3, pp. 91—95, Academic Press, London/New York, 1988.

[17] G. Fan, Covering graphs by cycles, *SIAM J. Discrete Math*. 4(1992)491—496.

[18] P. D. Seymour, On multicolourings of cubic graphs, and conjectures of Fulkerson and Tutte, *Proc. London Math. Soc*. 38(1979)423—460.

[19] G. Mazzuoccolo, The equivalence of two conjectures of Berge and Fulkerson, *J. Graph Theory* 68(2011)125—128.

[20] G. Fan, A. Raspaud, Fulkerson's conjecture and circuit covers, *J. Combin. Theory Ser. B* 61(1994)133—138.

[21] R. Häggkvist, Problem 443. Special case of the Fulkerson Conjecture. In: "Research problems from the 5th Slovenian Conference", Bled, 2003 (eds.: B. Mohar, R. J. Nowakowski, and D. B. West). *Discrete Math*. 307(2007)650−658.

[22] R. Hao, J. Niu, X. Wang, et al, A note on Berge-Fulkerson coloring, *Discrete Math*. 309(2009)4235−4240.

[23] W. T. Tutte, On the imbedding of linear graphs in surfaces, *Proc. London Math. Soc*. 51(1949)474−483.

[24] W. T. Tutte, A contribution on the theory of chromatic polynomial, *Canad. J. Math*. 6(1954)80−91.

[25] W. T. Tutte, On the algebraic theory of graph colourings, *J. Combin. Theory* 1(1966)15−50.

[26] K. Appel, W. Haken, Every map is four colorable, Part I: Discharging, *Illinois J. Math*. 21(1977)429−490.

[27] K. Appel, W. Haken, Every map is four colorable, *Contemp. Math. AMS* 98(1989).

[28] K. Appel, W. Haken. J. Koch, Every map is four colorable, Part II: Reducibility, *Illinois J. Math*. 21(1977)491−567.

[29] N. Robertson, D. Sanders, P. D. Seymour, et al, The 4-color theorem, *J. Combin. Theory Ser. B* 70(1997)2−44.

[30] P. N. Walton, D. J. A. Welsh, On the chromatic number of binary matroids, *Mathematika* 27(1980)1−9.

[31] H. J. Lai, The size of graphs without nowhere-zero 4-flows, *J. Graph Theory* 19(1995)385−395.

[32] R. Thomas, Recent excluded minor theorems for graphs, *London Math. Soc. Lecture Note Ser*. 267(1999)201−222.

[33] P. J. Heawood, Map color theorem, *Quarterly J. Pure Math. and Applied Math*. 24(1890)332−338.

[34]F. Jaeger, On nowhere-zero flows in multigraphs, *Proceedings of the Fifth British Combinatorial Conference* 1975, *Congr. Numer*. XV(1975)373－378.

[35]P. A. Kilpatrick, Tutte's first colour-cycle conjecture, Ph. D. Thesis, Cape Town, (1975).

[36]P. D. Seymour, Nowhere-zero 6-flows, *J. Combin. Theory Ser. B* 30(1981)130－135.

[37]H. Grötzsch, Ein Dreifarbensatz für dreikreisfreie Netze auf der Kugel, Wissenschaftliche Zeitschrift der Martin-Luther-Universität Halle-Wittenberg, *Mathematisch-Naturwissenschaftliche Reihe* 8(1958/ 1959)109－120.

[38]B. Grünbaum, Grötzsch's theorem on 3-colorings, *Michigan Math*. 10(1963)303－310.

[39]V. A. Aksionov, Concerning the extension of the 3-coloring of planar graphs (in Russian), *Diskret. Analz*. 16(1974)3－19.

[40]N. Alon, N. Linial, R. Meshulam, Additive bases of vector spaces over prime fields, *J. Combin. Theory Ser. A* 57 (1991)203－210.

[41]H. J. Lai, C. Q. Zhang, Nowhere-zero 3-flows of highly connected graphs, *Discrete Math*. 110(1992)179－183.

[42]M. Kochol, An equivalent version of the 3-flow conjecture, *J. Combin. Theory Ser. B* 83(2001)258－261.

[43]M. Kochol, Superposition and constructions of graphs without nowhere-zero k-flows, *Europ. J. Combin*. 23(2002) 281－306.

[44]F. Jaeger, N. Linial, C. Payan, et al, Group connectivity of graphs—a nonhomogeneous analogue of nowhere-zero flow

properties, *J. Combin. Theory Ser. B* 56(1992)165−182.

[45] C. Thomassen, The weak 3-flow conjecture, *J. Combin. Theory Ser. B* 102(2012)521−529.

[46] L. M. Lovász, C. Thomassen, Y. Z. Wu, et al, Nowhere-zero 3-flows and modulo k-orientations, *J. Combin. Theory Ser. B* 103(2013)587−598.

[47] F. Jaeger, Tait's theorem for graphs with crossing number at most one, *Ars Combin.* 9(1980)283−287.

[48] P. D. Seymour, On Tutte's extension of the four-colour problem, *J. Combin. Theory Ser. B* 31(1981)82−94.

[49] C. Thomassen, Hypohamiltonian and hypotraceable graphs, *Discrete Math.* 9(1974)91−96.

[50] J. Doyen, V. Van Diest, New families of hypohamiltonian graphs, *Discrete Math.* 13(1975)225−236.

[51] G. Fan, Extensions of flow theorems, *J. Combin. Theory Ser. B* 69(1997)110−124.

[52] J. A. Bondy, Variations on the hamiltonian theme, *Canad. Math. Bull.* (1)15(1972)57−62.

[53] F. Castagna, G. Prins, Every generalized Petersen graph has a Tait coloring, *Pacific J. Math.* 40(1972)53−58.

[54] P. A. Catlin, A reduction method to find spanning eulerian subgraph, *J. Graph Theory* 12(1988)29−45.

[55] P. A. Catlin, Supereulerian graphs: a survey, *J. Graph Theory* 16(1992)177−196.

[56] G. Fan, Integer flows, cycle covers. *J. Combin. Theory Ser. B* 54(1992)113−122.

[57] J. Häggland, On snarks that are far from being 3-edge colorable, *arXiv*:1203. 2015*vl*, 2012.

[58] H. J. Lai, H. Yan, Supereulerian graphs and matchings, *Applied Math. Letters* 24(2011)1867—1869.

[59] N. Robertson, D. P. Sanders, P. D. Seymour, et al, Efficiently four coloring planar graphs, *Proc. ACM Symp. Theory Comput.* 28(1996)571—575.

[60] N. Robertson, D. P. Sanders, P. D. Seymour, et al, A new proof of the four color theorem, *Electron. J. Research Announce. AMS* 2(1996)17—25.

[61] R. Steinberg, D. H. Younger, Grötzsch's theorem for the projective plane, *Ars Combin.* 28(1989)15—31.

[62] M. E. Watkins, A theorem on Tait colorings with an application to the generalized Petersen graphs, *J. Combin. Theory* 6(1969)152—164.

[63] C. Q. Zhang, Integer flows and cycle covers of graphs, Marcel Dekker Inc., New York, 1997.

后　记

本书是在笔者博士毕业论文的基础上修改而成的,笔者对本书的贡献超过百分之九十五.

本书得到了国家自然科学青年基金的资助,在此对国家自然科学基金委员会表示由衷感谢.

本书得到了海军士官学校董虎峰教师和李元教师的鼓励和帮助,感谢他们提出的建议及做出的努力.

此外,衷心感谢自己的导师范更华教授. 另外还要特别感谢家人,他们的关心和爱护使笔者可以全身心地投入科学研究,他们的鼓励和理解是笔者不断前进的动力和灵感源泉.

本书难免存在不足和缺憾,欢迎读者指正.

陈富媛

2020 年 11 月于安徽财经大学